马克思主义
关于人与自然关系的思想概论

■ 苏百义　蔡威熙　著

MAKESIZHUYI
GUANYU REN YU ZIRAN GUANXI DE
SIXIANG GAILUN

中国农业科学技术出版社

图书在版编目(CIP)数据

马克思主义关于人与自然关系的思想概论 / 苏百义，蔡威熙著. --北京：中国农业科学技术出版社，2022.12
ISBN 978-7-5116-5921-7

Ⅰ.①马… Ⅱ.①苏…②蔡… Ⅲ.①马克思主义-生态学-研究 Ⅳ.①A841.693

中国版本图书馆 CIP 数据核字(2022)第 174322 号

责任编辑　朱　绯
责任校对　李向荣
责任印制　姜义伟　王思文

出 版 者	中国农业科学技术出版社
	北京市中关村南大街 12 号　邮编：100081
电　　话	(010) 82109707 (编辑室)　(010) 82109702 (发行部)
	(010) 82109709 (读者服务部)
网　　址	http://castp.caas.cn
经 销 者	各地新华书店
印 刷 者	北京建宏印刷有限公司
开　　本	170 mm×240 mm　1/16
印　　张	7.75
字　　数	130 千字
版　　次	2022 年 12 月第 1 版　2022 年 12 月第 1 次印刷
定　　价	40.00 元

◁◁◁ 版权所有·翻印必究 ▷▷▷

2019年度教育部高校示范马克思主义学院和优秀教学科研团队建设项目"马克思主义关于人与自然关系的思想教学研究"（项目批准号19JDSZK100）阶段性成果

山东省高等学校文科实验室"马克思主义与农业农村现代化文科实验室"建设项目

山东省高校思政课金课"马克思主义基本原理"建设项目

山东农业大学马克思主义学院"岱麓文库"资助

前 言

马克思主义关于人与自然关系的思想是马克思恩格斯创立并为后继者所不断发展的科学理论体系，是关于自然、社会、人的发展规律的学说，是关于社会主义代替资本主义最终实现共产主义的学说，是关于人民群众自由与解放的学说，是中国特色社会主义生态文明新时代的指导思想，是人民群众创造美好生活的指南，是人类社会新形态的灵魂。

习近平在纪念马克思诞辰200周年大会上讲话指出："学习马克思，就要学习和实践马克思主义关于人与自然关系的思想。"马克思主义关于人与自然关系的思想在马克思主义理论体系中占有基础性地位，马克思主义理论体系无不渗透着人与自然的关系。马克思主义理论包含人、社会、自然三个层面的内容，其中，人与自然关系的思想是理论的基础，但由于时代的原因，没有凸显人与自然的关系。目前，在人与自然关系维度上，马克思主义理论有四种解读，一是列宁和第三共产国际解读的科学主义的马克思主义，人与自然的关系隐含在人与社会的关系中，是我国目前坚持的正统马克思主义基本原理。二是国外马克思主义，特别是生态学马克思主义，突出强调了人与自然的关系。三是马克思学的生态思想，在《1844年经济学哲学手稿》中详细论述了人、社会、自然以及劳动的异化状态；在《资本论》中通过分析资本主义经济危机和物质循环断裂，详细阐明了人与自然关系危机的资本主义社会的制度根源；在《共产党宣言》中阐明了在共产主义社会自然主义与人道主义的统一，最终实现人、社会、自然的解放。四是马克思主义最新理论成果——习近平生态文明思想。这些理论成果为我们从人与自然关系的视角解读马克思主义理论提供了非常丰富的资源。

历史发展到今天，人与自然的关系变得日益紧张，尤其到20世纪60年代以后，西方国家的生态环境与人类社会发展的矛盾不断激化，人口爆炸、粮食短缺、资源趋紧、环境污染、生物多样性减少、自然承载力下降等现实生态难题进一步凸显，并逐步演化为席卷全球的生态危机和不可逆转的生态灾难，严重威胁着人类的生命安全，掣肘着人类社会的永续发展。在这一背景下，深入研究和系统探赜马克思主义关于人与自然关系思想，对于培养新时代生态文明合格建设者具有重大的理论价值和实践意义。

在新时代，创新马克思主义教学内容是时代提出的重要课题，将马克思主义关于人与自然关系的思想作为选修课，辅助、弥补《马克思主义基本原理》（简称《原理》）教学在人与自然维度的不足，以马克思主义人与自然关系的思想为主线，将习近平生态文明思想融入《原理》，按照《马克思主义关于人与自然关系的思想概论》（简称《概论》）教学大纲的要求，借鉴最新的马克思主义理论成果，系统阐释人、自然的本质及其相互关系，在自然中看到人、社会，在社会中看到人、自然，在人中看到社会、自然的影子，人、自然、社会是统一体，从而彰显马克思主义关于人与自然关系思想的科学性，凸显马克思主义的"红绿交融"特色。

马克思主义关于人与自然关系的思想概论对于坚持与发展马克思主义理论以及生态文明建设具有重要价值。当然，受作者理论水平和实践经验所限，挂一漏万在所难免，恳请同仁批评斧正。

目 录

第一讲　叩问人与自然的奥秘 ………………………………… 1
　一、马克思主义关于人与自然关系思想的产生与发展 ……… 1
　二、马克思主义关于人与自然关系思想的鲜明特征 ………… 19
　三、马克思主义关于人与自然关系思想的当代价值 ………… 21
　四、自觉学习和运用马克思主义关于人与自然关系的思想 … 23

第二讲　人与自然是"生命共同体" …………………………… 25
　一、斯芬克斯之谜 …………………………………………… 25
　二、人与自然辩证统一的关系 ……………………………… 27
　三、"自然的人类史" ………………………………………… 30
　四、生命共同体 ……………………………………………… 31

第三讲　人与自然的实践关系 ………………………………… 33
　一、劳动与实践 ……………………………………………… 33
　二、自我与无我 ……………………………………………… 36
　三、文明的历程 ……………………………………………… 37

第四讲　人与自然"二律背反"的认识关系 ………………… 39
　一、二律背反 ………………………………………………… 39
　二、人与自然关系的认识三阶段 …………………………… 41
　三、马克思主义认识论 ……………………………………… 43

第五讲　人与自然"五位一体"的价值关系 ………………… 45
　一、人与自然关系的经济价值 ……………………………… 46
　二、人与自然关系的政治价值 ……………………………… 47
　三、人与自然关系的文化价值 ……………………………… 48

  四、人与自然关系的社会价值 50
  五、人与自然关系的生态价值 51

第六讲 人与自然的"金山银山"关系 54
  一、人与自然关系的异化 54
  二、资本主义经济危机理论 59
  三、新陈代谢断裂理论 63
  四、"两山理论" 64

第七讲 国外马克思主义对人与自然关系的批判 67
  一、早期国外马克思主义关于人与自然的思想分析 67
  二、法兰克福学派对人与自然关系的批判 69
  三、生态学马克思主义的生态批判 71

第八讲 社会主义生态文明论 77
  一、社会主义 77
  二、中国特色社会主义生态文明 80
  三、建设中国特色社会主义生态文明 95

第九讲 人与自然关系和谐论 98
  一、自然的解放 98
  二、社会的解放 101
  三、人的解放 102

结 束 语 106

参考文献 110

第一讲 叩问人与自然的奥秘

学习马克思主义关于人与自然关系的思想内涵、形成的背景、发展的历程及其特征,在此基础上,通过学、思、用的方法,把握马克思主义关于人与自然关系的思想是什么?为什么要学习马克思主义关于人与自然关系的思想?怎么学习马克思主义关于人与自然关系的思想?全面领会马克思主义关于人与自然关系的思想精髓。

一、马克思主义关于人与自然关系思想的产生与发展

(一)马克思主义关于人与自然关系的思想产生

马克思主义关于人与自然关系的思想产生具有深刻的社会背景、阶级基础和思想渊源。

1. 社会背景

19世纪30年代,资本主义工业的发展、科学技术的进步,一方面,极大促进了社会生产力发展,创造了丰富的物质财富;另一方面,造成了深重的社会灾难。第一,社会两极分化。资本主义社会化大生产导致工人阶级越来越贫穷,资产阶级越来越富有,贫富悬殊导致社会失去公平与正义,社会动荡不安。第二,经济危机频发。从1825年第一次资本主义经济危机开始,每隔一段时间就爆发资本主义经济危机,每次经济危机对社会都会产生巨大破坏。经济危机表面看是经济的危机,是由于管理不善导致资金、物质资源等生产环节出现问题,生产经营无法正常流通、运转,迫使银行、工厂、企业停工、停产,甚至倒闭,工人失业,社会经济一片萧条,对社会经济造成巨大损失,引发系列社会矛盾。但从实质看,经济危机是人与自然关系的危机,是资本主义社会基本矛盾激化的外在表现,根本原因在

于资本主义私有制度。资本主义周期性经济危机表明：资本主义不是人间的天堂，不是人们期盼的理想社会，迫切需要一个新理论指导人们创造美好生活。第三，生态灾难。资本主义大工业生产方式的蓬勃兴起在推动社会生产力迅猛发展和物质财富迅速积累的同时，最大限度地榨取自然资源，导致资源的枯竭和自然界衰败，造成人与自然危机。资本主义生产方式以获取利润最大化为根本目的，不可避免地诱发环境污染、生态恶化和资源短缺等生态难题，正像恩格斯批判国民经济学那样"只是把自然界当作绝对的东西来代替基督教的上帝而与人相对立"。①

总之，资本主义社会严重的两极分化、经济危机、生态灾难为马克思主义关于人与自然关系思想的产生提供了重要的社会背景。

2. 阶级基础

伴随资本主义的蓬勃发展，无产阶级与资产阶级的矛盾不断加剧。无产阶级作为生产劳动的主体，在看不见的锁链牵引下直接同"自然"感性地暂时地联系，劳动者的劳动、劳动的对象"土地"等自然资源隶属于资本，这种人与自然对立的制度安排，必然造成人与人的对抗。无产阶级反抗资产阶级的斗争从资本主义制度确立开始，从来没有停止，从自发走向自觉，从经济斗争发展到政治斗争。被压迫者无产阶级不仅为经济利益而战，而且为了政治权利、为了消除资本主义制度展开了武装斗争。1831年、1834年法国里昂工人两次起义，1836年英国宪章运动，1844年德国西里西亚纺织工人起义，三次工人起义标志着无产阶级作为成熟的阶级已经登上历史政治舞台，他们迫切需要革命的理论来指导，为马克思主义关于人与自然关系思想的诞生奠定了重要的阶级基础。

3. 马克思主义关于人与自然关系的思想渊源

从唯物史观视角出发，在系统考察人类自然观的历史演进、批判性继承黑格尔和费尔巴哈自然观、充分吸收近代自然科学成果的基础上，形成了马克思主义关于人与自然关系的思想。

(1) 人类自然观的历史演进

在远古时代，由于人类认识水平有限、活动领域狭小、物质产品极度

---

① 恩格斯. 国民经济学批判大纲[M]//马克思,恩格斯. 马克思恩格斯选集：第1卷. 北京：人民出版社,2012：18.

匮乏，人类在与自然的斗争中深感天道之深邃、宇宙之奥秘、自然之伟岸。正如马克思、恩格斯所言："自然界起初是完全作为一种异己的、有无限威力的和不可驯服的力量与人们对立的，人们同自然界的关系完全像动物同自然界的关系一样，人们就像牲畜一样慑服于自然界……"① 在这种严重的物质匮乏和恶劣的自然条件下，早期人类不能对自然灾害和气候突变现象作出科学合理的解释，从而产生对各种自然现象的敬畏与恐惧，原始神话自然观由此而生。人与自然之间，原始的活动方式决定了人的生存只能依靠原始的生产工具并与他人合作才能实现。人类在大自然面前俯首称臣，只能被动地、消极地依赖自然、屈从自然、畏惧自然。可以说，土地的肥沃程度、地理环境的优劣等自然条件的差异直接影响着人的生存方式、生活质量。中国的盘古开天地、女娲补天、夸父追日等神话传说，都表明人类远古时期对于自然的崇拜与无奈。人类对自然的无知、无奈只能通过神话来支配自己、听天由命，神话是远古时代人类生活合法性的来源。

　　从原始社会以来，随着人类认识水平的提高、活动范围的扩大、改造自然能力的增强，人类已从自然魔力的"桎梏"中获得一定程度的解放，开始摆脱对自然的被动屈从和盲目崇拜，在这样的条件下，有机整体自然观产生。古希腊哲学家从本体论的视角出发，对人与自然关系进行系统审思、剖析和探赜，并建构起自己有机整体自然观的思想轨迹。泰勒斯的"万物源于水"，斯多葛学派的"火是世界的原动力"，阿那克西米尼的"万物由气构成"，阿那克西曼德的"万物本源是无定"，毕达哥拉斯的"数是万物的本质"，恩培多克勒的"四根说"，德谟克利特的"原子论"以及柏拉图的"理念论"等，都反映了古希腊哲学家的有机整体自然观。有机整体自然观给当时的人们提供了重要的世界观指导，开启了西方文明。恩格斯指出："在希腊人那里——正因为他们还没有进步到对自然界进行解剖、分析——自然界还被当作整体、从总体上来进行观察。自然世界的总的联系还没有在细节上得到证明，这种联系在希腊人那里是直接观察的结

---

① 马克思，恩格斯. 德意志意识形态［M］//马克思，恩格斯. 马克思恩格斯选集：第1卷. 北京：人民出版社，2012：161.

果。"①在这一时期，人类仍然被动地、消极地适应自然、依赖自然。在东方文明的世界里，从伏羲氏的八卦到周易的六十四卦，再到孔子儒家文化的形成，东方文明坚守"天人合一"的价值理念，把人与自然看成是一体的。正是这种人与自然"天人合一"的整体有机自然观，才使人类文明生生不息。

在中世纪，基督教思想长期占据统治地位，严重束缚着自然科学的发展，导致社会生产力停滞不前。它在继承古希腊哲学"天人相分"的二元论思想的基础上，形成了精神高于物质、灵魂高于肉体、人类高于万物的自然观。宗教神学自然观是极端人类中心主义的肇始，它主张全知全能的上帝创造了人与自然，而人秉承上帝的意志，是自然万物的主宰者、统治者和支配者。例如，奥古斯丁认为，作为宇宙的统治者和自然的主宰者，上帝至高无上、无所不知、无所不能，他在虚无之中创生出世间万物，其精神与意志决定了自然界产生、存在和发展的必然性，并且他将这种必然性称为"上帝永恒的意志"。恩格斯主张："承认这样一种必然性，我们还是没有摆脱神学的自然观。"②阿奎那指出，上帝是万物之源，它派生出自然万物，并将统治万物的权柄交给了人类，使其成为"宇宙之精华、自然之主宰、万物之尊长"。

在近代，随着文艺复兴运动的兴起和近代自然科学的发展，"人文主义"和"科学理性"的狂涛巨浪冲破了中世纪封建秩序的"枷锁"和宗教神学的"桎梏"，使人们明白上帝只是一个虚设的、空灵的抽象存在，否定了人只能充当上帝的手段和工具，导致宗教神学走向解体，而近代机械自然观开始形成。培根从唯物主义的立场出发，铸造了人与自然对立的机械自然观，指出"人是自然界的臣相和解释者"。在培根的视域下，人类应该依靠技艺的进步支配自然、管束万物，并通过新工具——归纳方法来称霸自然、占有万物。康德在尊重人的生命价值、彰显人的主体意识的基础上，提出"人是目的，而不仅仅是手段"的哲学命题，向人类发出了"人是自

---

① 恩格斯. 马克思恩格斯文集：第9卷 [M]. 中央编译局，编译. 北京：人民出版社，2009：438.
② 同①475.

然界的最高立法者"的豪言壮语。恩格斯指出，近代机械自然观在打破宗教神学自然观"樊篱"的同时，又导致人们运用形而上学的思维方式把人与自然关系归纳为主客体关系，以及极端人类中心主义思想的泛滥，为后来人与自然关系恶化埋下了伏笔。

黑格尔思辨唯心主义自然观是马克思主义关于人与自然关系的思想的直接理论来源。德国古典哲学家黑格尔强调，要通过理性力量和逻辑思维实现主体和客体的统一，进而提出"绝对精神"概念。在黑格尔的哲学视野中，作为一种先于自然界和人类社会永恒存在的实在，即"绝对精神"具有终极性的特征，是宇宙万物存在的本原、真正的始基和内在的本质；作为现实性的外在事物，自然界的真正本质在于"绝对精神"，自然界的万事万物都是"绝对精神"徐徐展开的产物，即"绝对精神"内在矛盾运动的阶段性产物。马克思指出，虽然黑格尔提出了"人与自然和解"的时代命题，但"绝对精神"在他的哲学体系中被置于绝对核心的地位，导致自然与精神的关系被彻底颠倒了，这种主客观的倒置就像人的头与脚的颠倒一样可笑。

马克思在批判黑格尔思辨唯心主义自然观的基础上，又充分借鉴和吸收了其自然观的合理成分。一方面，黑格尔认为"自然界自在地是一个活生生的整体"①，是一个辩证发展的整体。马克思认为这个统一体不是外在力量的作用，而是在自己的内在本质——辩证概念的指引下向更高级阶段实现的转化和发展，量的积累和质的变化涵盖整个自然演化的真实过程。但黑格尔关于自然界演化的论述竭力标榜"绝对精神"的力量、过分凸显"绝对理念"的作用，这是建立在客观唯心主义基础上的。另一方面，黑格尔指出要运用辩证法实现对自然的考察。马克思认为探索自然要扬弃主观的抽象性和外在自然的片面性，将理论方法和实践方法紧密联系起来，将认识自然和改造自然有机结合起来，这样自然界才不再是外在的、异己的、彼岸的自然界，成为人的自然界，真正实现人与自然、主体与客体、思维与存在的统一。马克思的自然观超越了黑格尔唯心主义自然观，真正将自然纳入人、社会的领域来看待。

---

① 黑格尔. 自然哲学 [M]. 梁志学, 等, 译. 北京：商务印书馆, 1980：581.

费尔巴哈人本学唯物主义抽象自然观是马克思主义关于人与自然关系的思想的又一直接理论来源。费尔巴哈作为德国古典哲学的巨擘，在批判黑格尔唯心主义思辨哲学和揭示宗教本质的基础上，创立了以人和自然界为"唯一的、普遍的、最高的对象"的人本学唯物主义，着重阐明："观察自然，观察人吧！在这里你们可以看到哲学的秘密。"[1] 在费尔巴哈看来，感官无法感知的"自在之物"在自然界之外没有存在的可能性；自然界是整个人类社会得以产生、存在和发展的首要前提，人是自然界演化到一定历史阶段的产物。马克思指出，费尔巴哈虽然紧紧把握住自然界和人，严厉批判黑格尔的"理性神秘论"和宗教神学的自然观，捍卫了自然观的唯物主义基础，但其自然观在本质上是一种旧唯物主义，具有直观性、机械性和形而上学性的明显缺陷。

首先，费尔巴哈的人本学唯物主义自然观具有直观性。在费尔巴哈看来，现实的自然界仅仅是人类社会赖以生存和发展的物质始基，他没有充分认识到真实的自然界是在社会、历史、工业活动的中介下产生的，经过人类实践活动改造、打上人类意志烙印、铭刻人类活动足迹的自然界。其次，这种自然观消极看待人与自然的互动关系，没有体悟和分析人类对自然界的能动反作用，具有片面性、狭隘性和不科学性。费尔巴哈着重强调人对自然界的依赖性和自然界对人类社会的始基性，但他忽视了人对自然界的主体能动性和自由创造性。最终，这种自然观把自然界"悬搁"于社会历史之外，忽视了自然演化的社会历史维度，没有从社会历史视角出发审视、探索和剖析人与自然的辩证关系，最终造成自然与社会历史的分离与割裂。马克思对此阐述："当费尔巴哈是一个唯物主义者的时候，历史在他的视野之外；当他去探讨历史的时候，他不是一个唯物主义者。"[2]

（2）近代自然科学成果

近代自然科学的发现为马克思主义关于人与自然关系思想的形成提供了重要科学基础。细胞学说是关于细胞是动物、植物生命活动基本单位的

---

[1] 费尔巴哈. 费尔巴哈哲学著作选集（上卷）[M]. 荣振华，等，译. 北京：商务印书馆，1984：115.
[2] 马克思，恩格斯. 德意志意识形态 [M] //马克思，恩格斯. 马克思恩格斯选集：第1卷. 北京：人民出版社，2012：158.

学说。德国生物学家施莱登于1838年提出细胞是一切植物的基本构造单位，在此基础上，德国动物学家施旺提出"所有动物也是由细胞组成的"，提出一切动物组织均由细胞组成。19世纪40年代，细胞学说发展为所有的细胞都必定来自已存在的活细胞。细胞是一个有机体，一切动植物都是由细胞发育而来，并由细胞和细胞产物所构成。这个理论观点彻底否定了传统的生命自然发生说，形成了比较完备的细胞学说。细胞学说揭示了动物和植物都是由细胞组成，阐明了自然生物界的统一性。

19世纪40年代德国物理学家迈尔、英国物理学家焦耳等发现了能量守恒定律，科学地阐明了物质运动不灭的观点。认为在物质运动过程中，物质的能量既不能被创造，也不能被消灭，只能从一种形式转化为另一种形式，或者从一个物体转移到另一个物体，而总能量保持不变。能量守恒定律阐明物质的运动形式多种多样，每一个具体的物质运动形式存在相应的能量转化关系，展示了自然界多样性、统一性。

英国生物学家达尔文的进化论是马克思主义关于人与自然关系思想的又一重要科学基础。达尔文在推翻神学目的论和物种不可变理论的基础上，在《物种起源》中阐明生物界所有物种的演化发展都是一个动态可变的过程，指出全部动植物作为生产工具的器官是怎样经由自然选择而不断演化的，创造性地提出了以自然界生命的生存竞争和繁衍、变异引发的进化问题为核心内容的进化论思想。进化论思想为建立科学的生物学提供了思想基础，坚持生物进化的自然选择思想，拨开了长期笼罩在人们思想领域的关于自然界全部物种都是按照某种目的机械地复制出来的神秘面纱。马克思高度肯定了达尔文进化论思想在自然和人类社会的历史领域的突出贡献，并把近代处于分离状态的唯物主义自然观和历史观有机统一起来，为历史唯物主义的创立提供了"自然—历史"基础，实现了人类思想史的伟大变革。恩格斯在1859年写给马克思的信件中指出："达尔文的著作，写得简直好极了……至今还从来没有过这样大规模的证明自然的历史发展的尝试。"[①] 马克思也非常赞同地回复："我读了各种各样的书。其中有达尔文的

---

① 恩格斯. 致马克思（1859年12月11日或12日）[M] //马克思，恩格斯. 马克思恩格斯全集：第29卷. 北京：人民出版社，1974：503.

《自然选择》一书。虽然这本书用英文写得很粗略,但是它为我们的观点提供了自然史的基础。"①

李比希的农业化学为马克思分析资本主义条件下人与自然关系的断裂提供了重要科学方法。李比希在通过分析土壤营养物质对于植物生长的重要作用的基础上,在《化学在农业和生理学上的应用》中创造性地阐释了他的理性农业思想,深刻剖析了土壤肥力与土壤化学的有机联系,明确阐明了人类在新陈代谢过程中产生的排泄物以及工业生产和消费的废弃物无法有效地汇集与复归土地,这是导致欧洲和北美资本主义社会土壤肥力日益枯竭和城市污染的重要原因,最终指明了以"归还"为原则的理性农业是解决土壤贫瘠问题的根本途径。马克思在合理借鉴李比希理性农业思想的基础上,立足于资本主义农业现实,创造性地提出了人与自然之间的新陈代谢或物质变换断裂理论。物质变换这一概念最初表示人类身体内部在酶的作用下通过化学反应而进行的物质循环。随着时间的推移,李比希在《动物化学》中把物质循环这一概念作为"生机论唯物主义"的分析方法,并将其基本内涵不断地拓展为生物体与其所处的生态环境之间的相互作用以及生物体自身内部物质的循环转变。马克思在李比希物质变换概念分析方法基础上,不仅将人与自然之间的物质变换应用于生态学领域,而且还进一步在社会学领域将其描述为资本主义的社会组织及社会条件之间再生产出来的相互依存的异化关系。马克思在生态学和社会学双重意义上对"物质变换"概念的应用,阐明资本主义制度及其生产方式是导致人与自然关系异化的深层根源。

马尔萨斯的人口论为马克思主义关于人与自然关系的思想提供了重要的人学理论。马克思、恩格斯在批判马尔萨斯人口论的基础上,创造性地提出了人口理论。一方面,肯定了马尔萨斯的人口论在一定程度上揭示了资本的侵略性以及人口过剩的客观事实;另一方面,又强烈指责了这种人口论所强调的"试图运用贫穷、疾病与灾难等抑制人口增长的粗暴手段和禁止结婚与不婚不育等预防控制人口",以及其他对人类进行严酷与卑鄙的

---

① 马克思.致恩格斯(1860年12月19日)[M]//马克思,恩格斯.马克思恩格斯全集:第30卷.北京:人民出版社,1995:130-131.

反自然、反生态的人口管控措施。同时，恩格斯又指出，第一，马尔萨斯的人口论是"非历史的"简单的和单纯的数量关系，一般适用于任何时间与任何地点，并不会随着历史条件的不断变化而发生改变，因而也是永恒的与绝对的抽象物；第二，马尔萨斯的人口论把人口过剩视作所有犯罪与贫穷的罪魁祸首，并将物质生活资料与人类就业手段等同起来，混淆了物质生活资料层面与人类就业手段层面的人口过剩问题，因而无法正确揭示资本主义社会人口过剩现象的深层根源；第三，马尔萨斯的人口论过度强调自然资源的稀缺性和物质财富的有限性，忽略了自然科学和科学技术的无限发展的客观事实。

总之，面对时代政治、经济、生态危机，马克思、恩格斯经过个人的努力，积极探索人与自然发展的规律。在《1844年经济学哲学手稿》《神圣家族》《费尔巴哈提纲》《德意志意识形态》中，阐明了对象性理论、实践论、认识论、价值论、异化理论、共产主义论等历史唯物主义观点，深刻揭示了资本主义私有制度条件下，人、自然、社会及其相互关系的异化状态，为马克思主义关于人与自然关系思想的形成奠定了理论基础。1848年2月《共产党宣言》的发表，指明了克服异化、实现人与自然解放的共产主义路径，标志着马克思主义及其关于人与自然关系的思想形成。

（二）马克思主义关于人与自然关系思想的发展

从马克思主义关于人与自然关系思想的诞生到今天，伴随时代的发展、科学的进步以及人与自然关系的变化，马克思主义关于人与自然关系思想也在不断发展变化。

1. 理论的探索

德国生物学家恩斯特·海克尔的生态学思想为马克思主义关于人与自然的关系思想增添了浓浓的绿色。恩斯特·海克尔于1866年在《普通有机体形态学》中创造性地提出"生态学"这一概念，并把生态学的研究与各种自然有机物之间相互关系的研究等同起来，从而初步确立了生态学的思维方式。海克尔在分析"生态学"这一概念的过程中，明确指出生态学是一种从自然经济学视角出发并在自然历史范畴之内，对自然界中各种生存斗争关系进行研究的认知体系。海克尔视野中的"生态学"具有经济学的意义，对于当时正在进行经济学研究的马克思而言具有重要启示。恩格斯明确阐明:"特别是通过海克尔,自然选择的概念扩大了,物种变异被看作适应和遗传相互作用的结果。"① 但马克思在参考生态学思想的基础上,并没有采纳"生态学"概念,而是采用了"自然历史"概念,其主要原因在于海克尔作为一名生物学家,在考察自然本身以及自然历史的时候仅仅诉诸直观的方式,而没有立足于工业史和商业史来把握自然本身以及自然历史,正如福斯特指出:"马克思……采纳了'自然历史'(正如海克尔所说,这一概念是他所创造的'生态学'这个新词的同义词)这个旧概念。同时,他们……把人类的'自然历史'集中在与生产的关系上。"② 同时,马克思、恩格斯还明确主张以人的生产活动为出发点来研究自然历史,而这种自然历史"是工业和社会状况的产物,是历史的产物,是世世代代活动的结果",③ 即马克思所强调的体现人的需要、情感与属性和确证人的本质力量的人化自然、属人的自然。

马克思在晚年研读了摩尔根在《古代社会》中所论述的人类的"生存技术",高度肯定了人类社会发展理论的唯物主义历史学研究方法,运用这种方法把人类社会划分为蒙昧、野蛮、文明三个发展阶段,并在此基础上窥透了潜蛰在摩尔根所阐释的"生存问题"背后的深刻内涵,即看待这一问题所坚持的唯物主义自然观与唯物主义历史观之间的紧密联系。正如在摩尔根的视野中所呈现的那样,对于人类的"生存技术"的重视从人与自然彼此交融与协同共进的方面来说,蕴含着丰富的生态学意义,整个人类社会历史也是经由这两种"生存技术",即物质生活资料生产和人口再生产的转变呈现出来的人与自然的密切关系。

马克思在《资本论》第一卷以及恩格斯在第二卷、第三卷中,详细描述了商品经济发展规律,揭示了"看不见的手"在商品经济运行中的作用,实质是揭示了资本在人与自然关系运行中的动力逻辑,阐释了人与自然关系危机的核心问题是资本逻辑问题,根源在于资本主义私有制,只有破除

---

① 恩格斯.反杜林论[M]//马克思,恩格斯.马克思恩格斯选集:第3卷.北京:人民出版社,2012:447.
② 约翰·贝拉米·福斯特.马克思的生态学:唯物主义与自然[M].刘仁胜,肖锋,译.北京:高等教育出版社,2006:225.
③ 马克思,恩格斯.德意志意识形态[M]//马克思,恩格斯.马克思恩格斯选集:第1卷.北京:人民出版社,2012:155.

资本主义私有制，才能从根本上解决人与自然的危机，进一步丰富发展了马克思主义关于人与自然关系的辩证唯物主义基本观点。

1883年马克思逝世，1895年恩格斯与世长辞。两颗伟大心脏虽然停止了跳动，但革命导师给我们留下的宝贵精神财富是永恒的，并指导人类克服异化，实现人与自然的解放。

伴随马克思主义从理论到实践、从一国到多国的社会主义革命实践的探索，各国共产党人、马克思主义理论家积极探索适合本国实际的社会主义革命与发展道路，提出了不同的处理人与自然关系的策略，丰富发展了马克思主义关于人与自然关系的思想。

生态学马克思主义形成于20世纪60年代，把马克思主义与生态学相结合，运用马克思主义的方法分析批判资本主义新变化、新矛盾，提出了不同于正统马克思主义的新观点、新方法、新思路，在一定程度上对化解资本主义矛盾具有重要意义。

伴随世界局势的变化，特别是"和平与发展"成为世界主题以来，面对资本主义经济危机转变为生态危机、消费危机、文化危机，资本主义的统治作了人性化的调整，剥削策略发生了新变化，工人阶级的性质、地位等出现了新情况，特别是发达资本主义国家生态危机威胁着人的生命健康，在这样的背景条件下，1974年本·阿格尔在《西方马克思主义概论》中首次提出"生态马克思主义"，标志着生态学马克思主义的诞生。在以后的历史时期，经过众多生态学马克思主义者的努力，形成了比较完备的理论体系，在人与自然关系问题上提出了系列真知灼见，例如，运用历史唯物主义方法来分析生态问题，提出资本通过占有自然来剥削人的观点，具有较强的说服力和启迪性。生态学马克思主义主要是通过分析生态危机，展开对资本主义社会的全面批判，指出工具理性、启蒙辩证法、意识形态、科学技术、异化消费等多层面因素是造成生态危机的原因，他们也认识到生态危机的根源在于资本主义制度，提出了解决问题的策略。但总体上来说，生态学马克思主义不过是"乌托邦"，没有找到理论的践行者，更没有有效破除资本主义制度、实现共产主义的方式方法，只能说是"象牙塔"内的学术"改良主义"。但不论怎样，生态学马克思主义作为马克思主义发展的新形态，对当今生态文明建设具有重要的参考价值。

2. 实践的经验

（1）苏联的实践经验

以列宁为代表的苏联共产党人，把马克思主义关于人与自然关系的思想通过社会革命变为现实，实现了土地等自然资源的国有化，从制度上解除了人对人、人对自然的压迫。不过，苏联不论是刚刚成立时期，还是社会主义建设时期，都把发展重工业作为国家发展战略，轻视轻工业，结果造成了严重的人与自然的不协调问题。不论怎样，在人类历史上，苏联社会主义革命与建设的伟大功绩在于实现了马克思主义关于人与自然关系思想的伟大变革。

1917年11月7日（俄历10月25日）苏联十月革命胜利，社会主义从理想到现实，开辟了人类历史的新纪元。苏维埃政权通过"剥夺剥夺者"的方式，大工业、银行、铁路、土地、矿产资源等实行国有化，无产阶级掌握国家的经济命脉；在国内革命战争时期，面对西方14个国家武装干涉和国内武装叛乱，粮食等物质资料严重短缺，为了保卫苏维埃强制实行战时共产主义政策；1921年俄共（布）决定实行以发展商品经济为主要特征的新经济政策，扭转了国家的危机；1936年12月宣布苏联已经建成社会主义国家，从此开始了苏联社会主义模式的探索；1991年12月26日苏联解体。苏联共产党执政74年的时间里，不论是列宁时期，还是斯大林、赫鲁晓夫、勃列日涅夫以及戈尔巴乔夫时期，都围绕人与自然的关系问题，形成了不同的执政理念和经济、政治、文化策略，这些措施虽然造成核污染等严重的生态问题，但对于解决苏联面临的政治、经济、国防问题具有重要意义。有人批判"苏联模式"，但正是这一模式，苏联中央高度集权统一，挽救了苏联革命、挽救了苏联共产党，否则，如果自然资源掌握在私人手里，则中央难以有效调配自然资源，无法形成合力抗击法西斯的入侵。在全球化的今天，纷繁复杂的国际环境条件下，中央高度集权消解了世界恶意资本的渗透，遏制了资本主义霸权，对于世界的公平与和谐具有重要意义。

苏联成功的经验与失败的教训告诉我们，在东方亚细亚生产方式主导的文化背景下，不论是计划经济还是市场经济，一切自然资源必须属于国家，绝不能让私人控制有关国计民生的重要自然资源，否则，国内外恶意资本就会乘虚而入，占有甚至垄断自然资源。谁占有了自然资源，谁就可能掌控政府，甚至颠覆政权，导致贫富悬殊、分配不公等社会问题，造成社会的动荡甚至国家的战乱与社会分裂。

(2) 新中国的实践经验

在人与自然关系问题上，中国共产党人实现了马克思主义的中国化，党的历代领导人在团结带领全国各族人民"站起来""富起来"的过程中，高度关注生态环境保护问题，明确提出一系列重要思想和政策，指导人与自然关系的实践，为新时代生态文明建设积累了丰富的历史经验。

以毛泽东同志为核心的党的第一代中央领导集体非常重视保护自然环境，采取了积极有效措施。第一，"三三制"耕作制度。"三三制"是指在我国耕地中，三分之一发展农业，三分之一发展畜牧业，三分之一发展林业，这是因为农业、林业和畜牧业三者并重，相互依赖，缺一不可，对于改变我国自然面貌、促进经济生产和社会建设具有重要作用。第二，"水利是农业的命脉"。[①] 面对我国旱涝灾害频发的现实难题，在全国大规模地展开了江河治理和兴修水利的工程建设，这为保障人民群众的生命财产安全、促进农业发展和生态问题的解决提供了基础性保证。第三，重视水土保持。针对水土流失问题，注重农业生产和水土保持之间的关系，推广水土保持经验。第四，"节约是社会主义经济的基本原则之一"。[②] 党中央要求各级党员干部在社会主义建设中继续保持革命年代勤俭节约、艰苦朴素的优良作风，最终在社会上形成一股厉行节约、反对浪费的良好风气。在毛泽东时代，山水林田湖草沙冰以及海洋生态保护良好，人与自然和谐有序，为改革开放奠定了良好的自然生态基础。

在改革开放和现代化建设的过程中，以邓小平同志为主要代表的中国共产党人对我国自然环境保护采取了新思路。在农业方面，提出了"科学技术是第一生产力"[③] 的著名论断，主张"科教兴农"，加强农业科研攻关，通过科技创新增加粮食产量、促进农民增收、推动农村发展，从而实现农业生产的可持续发展。主张通过深化农业经济体制改革，为农业生产的恢

---

① 毛泽东. 毛泽东文集：第1卷 [M]. 北京：人民出版社，1993：132.
② 毛泽东. 毛泽东文集：第6卷 [M]. 北京：人民出版社，1999：447.
③ 邓小平. 邓小平文选：第3卷 [M]. 北京：人民出版社，1993：274.

复和发展提供基本的制度保障，促进农业生产实现新的质的飞跃。实质是通过科技革命和农业经济体制改革协调人与自然的关系，确保农业健康发展；在工业方面，强化工业与农业深度融合、协调统一，城镇与乡村良性互动、彼此支援，汲取西方国家在工业化进程中"先污染后治理"的经验教训，主张发展工业循环经济，强调工业建设应坚持统筹兼顾的发展理念，走循环利用的生态之路。企业经营管理应从源头上减少废弃物排放，坚持产品质量意识和资源节约理念，这对实现从粗放型发展方式向集约型发展方式转变具有重要意义。在消费方面，"要提倡因陋就简，经济节约，艰苦奋斗"，① 其目的在于鼓励人们把经济建设搞上去，加速我国现代化建设的进程。面对资源约束趋紧、能源供给不足的现实难题，积极倡导使用新能源和清洁可再生能源，相继开工建设一系列大型水电站。加强社会主义精神文明建设，通过市场机制和价格机制等手段正确引导人们的消费观念。在法治方面，通过人口立法和优生优育优教，实现人口的有序增长，实现经济社会与生态保护协调发展；依靠环保立法的逐步完善和执法力度的有效加强，将中华文明的永续发展提升到法律高度；通过加强国际环保合作和提高对外开放水平，为我国生态环境保护营造良好的国际氛围。

党的十三届四中全会以后，以江泽民同志为主要代表的中国共产党人面对我国日益严重的环境污染、资源短缺等环境问题，积极推进我国生态环境保护工作。在人与自然关系上，提出了"协调发展"策略，即人、自然、经济可持续发展战略。"环境保护很重要，是关系我国长远发展的全局性战略问题"②，"在现代化建设中，必须把实现可持续发展作为一个重大战略"③。而要实现人类社会可持续发展、人与自然协调和谐的根本目标，关键在于促进经济社会与人口、资源、环境协调发展，坚持走文明发展道路。从国内看，一方面将人口、资源、环境工作切实纳入依法治理的轨道，解决人口、资源、环境工作面临的突出问题；另一方面通过文化、教育和道德等手段，增强广大干部群众的环保意识和生态意识。从国际来看，一方

---

① 邓小平. 邓小平文选：第 2 卷 [M]. 北京：人民出版社，1993：266.
② 江泽民. 江泽民文选：第 1 卷 [M]. 北京：人民出版社，2006：532.
③ 江泽民. 江泽民论有中国特色社会主义（专题摘编）[M]. 北京：中央文献出版社，2002：279.

面在坚持"引进来"和"走出去"相结合的对外开放战略的基础上,"正确处理利用国外资源和维护我国资源安全的关系"①;另一方面,在公平、公正、合理的基础上,加强与世界各国的协同配合、共同行动,积极承担国际环境保护的责任和义务,同时坚决反对发达国家借助环境问题干涉他国内政的行为。只有将国内外因素统筹兼顾,才能促进人与自然的和谐。

在全球资源危机和环境恶化压力下,以胡锦涛同志为主要代表的中国共产党人对我国生态环境工作提出科学发展观。在观念层面,树立节约资源、爱护自然的观念。"节约资源是保护生态环境的根本之策"②,要通过学校、网络和媒体等渠道加强生态文明宣传教育,引导人民群众树立尊重自然、珍惜自然、爱护自然的基本理念,培养人民群众保护生态环境的自觉意识,提高人民群众的节约意识和环保意识。在经济层面,坚决摒弃以生态成本为代价换取经济增长的短视行为,彻底调整不合理的经济结构,转变高耗能、高污染的传统粗放型发展模式,通过发展生态科技推动资源利用方式根本转变,"努力走出一条科技含量高、经济效益好、资源消耗低、环境污染少、人力资源优势得到充分发挥的新型工业化路子,推动经济社会发展实现良性循环"③。在制度层面,胡锦涛强调,应不断完善生态文明建设中的政策法律制度,建立资源节约和环境保护工作问责制,健全生态环境保护责任追究制度和环境损害赔偿制度,将生态指标纳入领导干部的考核体系,强化政府对企业的环境监管和制裁,对造成重大污染事故的企业要依法追究刑事责任,最终在全社会形成有效的法律约束和外部震慑。

新中国成立以来的历史经验告诉我们,不论在什么时代,一定要重视人与自然的关系问题,这是一个社会经济、政治、文化和谐发展的重要基础。中华民族从"站起来"到"富起来",马克思主义关于人与自然关系思想发挥了重要作用。面对中华民族伟大复兴的新时代,"强起来"更要重视人与自然的关系,习近平生态文明思想作为马克思主义关于人与自然关系

---

① 江泽民.江泽民文选:第1卷[M].北京:人民出版社,2006:465.
② 胡锦涛.坚定不移沿着中国特色社会主义道路前进 为全面建成小康社会而奋斗——在中国共产党第十八次全国代表大会上的报告[M].北京:人民出版社,2012:40.
③ 中共中央文献研究室.十六大以来重要文献选编(中)[M].北京:中央文献出版社,2006:820.

思想中国化时代化的最新理论成果,为我们走向未来指明了方向。

3. 习近平生态文明思想

(1) "人与自然和谐共生"的生态自然观

人与自然和谐共生的"生态自然观"是习近平生态文明思想的一个前提性、基础性概念,从存在论意义上澄明了世界的本质,为我们认识、改造自然提供了重要的世界观和方法论。习近平不但指出人与自然是一个相互依存、紧密联系的统一的有机系统,而且强调人与自然是生命共同体,这个生命共同体是人类生存发展的基础。习近平援引《庄子·齐物论》"天地与我并生,而万物与我为一"和《荀子·天论》"万物各得其和以生,各得其养已成"的说法,说明人与自然是一种和谐共生的关系。习近平认为,社会生产力的高度发展是解决生态环境问题最基本的前提条件,生态环境问题作为社会发展中所遇到的问题,也只能在社会的进一步发展中解决。所以,"人与自然和谐共生"的自然观不是反对发展,追求"零增长""负增长",更不是退回到原始的自然状态,而是从根本上改变发展方式。用绿色发展超越传统的粗放式发展方式,从而实现人与自然的和谐共生。"人与自然和谐共生"的价值理念包含着人类必须承担起更高的历史责任与使命,不但要尊重、保护自然,调整人类的生产方式和行为方式,而且要根本改变人类的整个发展方式和生活方式,构建人与自然和谐共生的人类文明新形态。

(2) "绿水青山就是金山银山"的生态发展观

"绿水青山就是金山银山"的生态发展观是指处理社会经济发展与生态保护之间关系的思想观点,是习近平生态文明思想的重要内容。"绿水青山就是金山银山,阐释了经济发展和生态环境保护的关系,揭示了保护生态环境就是保护生产力、改善生态环境就是发展生产力的道理,指明了实现发展和保护协同共生的新路径。"① "绿水青山就是金山银山"的生态发展观,根本突破了传统的思想价值观念,把自然环境置于生产力和社会发展的本质规定中。这绝不仅仅是突出自然环境对于社会经济发展的使用价值,

---

① 中共中央宣传部. 习近平新时代中国特色社会主义思想学习纲要 [M]. 北京:学习出版社、人民出版社,2019:170.

而是充分肯定了自然环境所具有的内在价值。一方面,"绿水青山"可以产生经济收益,通过生态产品价值实现机制转化为"金山银山"。另一方面,"绿水青山"所代表的优美生态环境,是人民群众健康的重要保障和幸福生活的重要内容,从人类生存和发展角度来说,"绿水青山"胜过"金山银山"。实际上,"绿水青山就是金山银山"的生态自然观使人类的财富观发生了变化。"绿水青山既是自然财富、生态财富,又是社会财富、经济财富"①。只有理解"绿水青山就是金山银山"的深刻内涵,才能建构相应的绿色发展理念、生产方式和生活方式,才能推进人与自然的和谐共生。

(3)"五位一体"的生态社会观

习近平强调:"党的十八大把生态文明建设纳入中国特色社会主义事业总体布局,使生态文明建设的战略地位更加明确,有利于把生态文明建设融入经济建设、政治建设、文化建设、社会角色各方面和全过程。"② 只有统筹推进"五位一体"总体布局,实现我国物质文明、政治文明、精神文明、社会文明和生态文明的全面协调发展,才能早日实现中华民族伟大复兴,充分体现了"五位一体"的生态社会观。"五位一体"的生态社会观不但把生态文明建设纳入国家发展的总体布局中,而且把生态文明建设置于统领社会发展全局的战略性高度。在社会发展中,不但认识到工业社会畸形发展的弊端,而且从"五位一体"的整体社会发展观出发来超越工业社会、弥补其不足,发展生态文明主导的社会。这就意味着人与自然是社会发展的底线,不论经济、政治、文化、社会如何发展,都要以人与自然的关系为准绳,高度强调生态文明建设对于社会发展的全局性、统领性意义,一定要从生态文明的高度认识社会发展的整体性,充分认识生态文明在社会建设中的意义。

(4)"环境就是民生"的生态民生观

"环境就是民生"的生态民生观是习近平生态文明思想的价值目标,体现了习近平生态文明思想的人民立场,充分表达了"为人民服务"的宗旨,

---

① 中共中央宣传部.习近平新时代中国特色社会主义思想学习纲要[M].北京:学习出版社、人民出版社,2019:171.

② 习近平.紧紧围绕坚持和发展中国特色社会主义 学习宣传贯彻党的十八大精神[M]//本书编写组.十八大报告学习辅导百问.北京:党建读物出版社、学习出版社,2012:65.

体现了"以人民为中心"的发展思想和价值追求。我国经济社会发展的根本目的不是为了少数人利益，而是为了最广大人民的根本利益，实质是为了民生。保护生态环境同样也是为了民生，确保优美的生态环境有利于人民群众的健康，满足人民群众日益增长的美好生活的需要。为此，必须转变发展理念，积极推进生态文明建设，特别是解决损害人民群众健康的环境问题。"环境就是民生"的生态社会观，把良好的生态环境看作是人民幸福生活的重要内容，赋予幸福以新的时代性内涵。"对人的生存来说，金山银山固然重要，但绿水青山是人民幸福生活的重要内容，是金钱不能代替的。你挣到了钱，但空气、饮用水都不合格，哪有什么幸福可言"①。"环境就是民生"的民生观，说明生态环境问题的严峻性，以及新时代人民对优美生态环境需要的迫切性，环境问题已经制约社会的发展、影响到人民群众的健康生活，必须把生态环境纳入民生范围，把良好的生态环境作为最基础的公共品，调动广大人民群众建设生态文明具有重要意义。

　　总之，马克思主义关于人与自然关系的思想具有深刻而丰富的内容，从人类文明的历史维度，逻辑再现存在论、实践论、认识论、价值论等多维度下的马克思主义关于人与自然应然、实然和必然的关系思想，再现马克思主义哲学、政治经济学和科学社会主义理论，从整体上把握马克思主义关于人与自然关系的思想立场、观点、方法等精神实质。马克思主义认为人是自然长期演化的产物，同时又是在自然环境中延续发展起来的，是实践基础上对立统一的关系，人、自然和社会都是人与自然相互影响、相互作用的结果。从存在论意义上说，人与自然是"生命共同体"，但是由于工业文明的影响，特别是在资本主义条件下，这种实然的生命关系被物质关系所取代，成为异化的资本关系，人类为了获取更多的财富，对大自然进行了贪婪地掠夺，造成了全球性生态危机，已经危害到人类的生命健康。如何破解人与自然的危机？习近平生态文明思想为我们指明了方向，生态文明是实现人与自然和谐共生的新的社会发展形态，是人类走向共产主义、实现人与自然和解的必由之路。

---

① 中共中央文献研究室. 习近平关于社会主义生态文明建设论述摘编 [M]. 北京：中央文献出版社, 2017: 10.

二、马克思主义关于人与自然关系思想的鲜明特征

马克思主义关于人与自然关系的思想的鲜明特征主要包括：科学理论性、现实实践性、人民群众性的特征。

（一）科学理论性

马克思主义关于人与自然关系的思想是科学的理论，涵盖了政治、经济、文化、社会、生态"五位一体"的内容，反映了人与自然的问题、形成的原因与对策，这是人民群众的心声和诉求，是以科学理论形式再现了新时代。

马克思主义从产生到今天，始终立足于人与自然的关系来分析人、自然、社会、政治、经济、文化，其内容分为马克思主义哲学、政治经济学和科学社会主义。这是不可分割的科学理论体系，同时具有哲学、人学、生态学、政治学、社会学等学科特征。

人与自然关系是历史唯物主义视野下的关系。一方面，人是自然人，是自然长期演化的产物，具有自然的一切属性。人在自然生态位中仅仅是自然生命中的一分子；人又是社会的人，是社会的产物，具有社会属性。另一方面，自然是自然的自然，即第一自然，自然始终按照自然的法则运动变化和发展，人类不过是自然的存在；同时，自然又是人化自然，即第二自然，是经过人类改造的自然，人化自然包含着人类文明的因子，通过自然可以来认识人及其社会。认识、改造自然是人类最基本的活动形式。通过劳动来改造、认识自然，满足人的价值需要，这些活动都是在一定社会政治、经济、文化制度条件下进行的，当然，这些社会条件是前劳动创造的，是人与自然关系的结晶。另外，在阶级社会，社会基本矛盾运动规律不仅是理论，而且是通过劳动、阶级斗争来实现的创造社会历史的现实运动。在资本主义社会，价值规律、剩余价值规律导致生态危机以及全面危机，这是资本主义私有制度与社会化大生产矛盾决定的，要解决这些问题，必须通过无产阶级革命，废除资本主义私有制，实现共产主义，才能根本解决人与自然的矛盾。马克思主义关于人与自然关系的思想是完整而系统的科学理论。

（二）现实实践性

马克思主义关于人与自然关系的思想不仅是现实实践的反映，而且对现实实践具有重要的指导意义。一方面，实践是认识的来源、动力，人类的一切认识都来源于实践，并且随着实践的发展而发展。现实的实践是马克思主义关于人与自然关系的思想形成与发展的源泉和动力，马克思主义关于人与自然关系的思想来源于各个历史时期物质生产的实践，实践的动机、目的、方式方法不同，就会产生不同的人与自然的关系，进而也就形成不同的思想认识。在生产力水平较低的原始社会、奴隶社会、封建社会，形成的是人对自然的依赖关系；在生产力水平较高的资本主义社会，形成的是"人为自然立法"的掠夺、统治关系；在生产力水平高度发达的共产主义社会，则形成的是人与自然和谐的关系。在经济全球化的今天，伴随现代化的进程，以工业文明主导的发展模式，为人类创造了丰富的物质财富，同时也造成了严重的全球生态危机。另一方面，马克思主义关于人与自然关系的思想形成以后，还需要回到实践中指导实践，并接受实践的检验进一步完善和发展。马克思主义关于人与自然关系的思想从19世纪中期诞生到今天，在指导人类实践活动中，不断改造、影响世界，使人类世界发生了天翻地覆的变化，同时，马克思主义关于人与自然关系的思想也在不断随着实践的变化而变化。从最初经典作家提出"自然的异化""自然对于人的优先性""人化自然"，到生态马克思主义提出"异化消费""自然的控制""生态危机理论""财政危机""合法性危机""破碎了的期望的辩证法""满足的极限"，以及最新马克思主义理论成果习近平生态文明思想，无不是对现实实践的反映，同时这些理论观点形成后又广泛影响人们的认知和行为，特别是习近平生态文明思想已经纳入中国发展战略层面来指导生态文明建设的实践，在中国大地已经开花结果。

（三）人民群众性

马克思主义关于人与自然关系的思想的人民群众性就是指在处理人与自然关系的实践中，时时处处以人民群众为本，一切依靠人民群众，一切为了人民群众。在生态文明建设的新时代，人民群众是生态文明建设者，也是生态文明成果的享受者。充分体现了历史唯物主义"人民群众是历史的创造者"的观点。不过，人民群众是一个历史概念，不同的历史时期，人民群众的内涵不同。在马克思、恩格斯、列宁的视野里，人民群众主要是指以产业工人为代表的备受压迫的无产阶级，以毛泽东为代表的中国共产党人认为人民群众主要是指以工人、农民为主体的劳动者。新时代，以习近平为代表的中国共产党人，在生态文明建设中，人民群众应该包括一切践行生态文明理念、推动生态文明发展的所有人，真正从思想上超越了阶级、阶级斗争的观念，摆脱了人为立场限制，能够团结一切可以团结的力量，为建设美丽中国提供了重要的思想保障。只有充分发挥每一个人的积极性、自觉性，从自身做起，才能建设生态文明，但是，在世界霸权盛行，弱肉强食的"丛林法则"横行的国际形势下，在现实的层面上，只有依靠人民群众，建设中国特色社会主义的生态文明社会新形态，才能超越经典马克思主义的阶级立场，真正实现美丽中国建设的目标。

三、马克思主义关于人与自然关系思想的当代价值

马克思主义关于人与自然关系的思想是时代的精华，反映了人民群众的诉求，具有重要的当代价值。

（一）认识世界的世界观和方法论

马克思主义关于人与自然关系的思想不是一般的理论，而是具有世界观和方法论的意义。马克思主义关于人与自然关系的思想是从人类文明的高度，为了人与自然的和谐而形成的思想理论。在马克思主义视野中，人、自然、社会是"三位一体"的有机整体关系，人是自然与社会关系的产物，自然是人与社会关系的产物，社会是人与自然关系的产物，"你中有我、我中有你"，彼此之间相互影响、相互制约，共同构成生生不息的现实世界。马克思主义关于人与自然关系的思想具有革命性和建设性。在战争年代，可以指导无产阶级革命获得自身的解放，具有革命理论的特征；在社会主义建设的和平时期，又是指导人民群众建设社会主义的灵魂，具有建设性理论的特征。

在人与自然关系中，人与自然是对象性关系，自然是人的对象，人是自然的对象，正是两者的相互影响、作用、制约，导致人与自然双双发生变化，但人与自然的对象性关系不同于其他自然存在物彼此的对象性关系，人具有主体性，而其他存在物没有主体性。这一思想让我们用对象性的观

点来分析自然万物了。人与自然不仅是对象性关系,而且是"生命共同体",我们不仅认识到世界的本质是物质,而且是生命的物质存在,认识、改造自然就必须从生命存在这一实际出发,否则,把自然仅仅看成客观物质,就会把自然作为人类掠夺、控制、征服的对象,自然必然遭到人类的破坏,这种人与自然对立的思维方式正是工业文明的反映。

可见,马克思主义关于人与自然关系的思想是认识世界的世界观和方法论,是生态文明新时代的思想指引,也是人类追求人与自然和谐的精神家园。

(二) 改造世界的行动指南

马克思主义关于人与自然关系的思想不仅是人们认识世界的世界观、方法论和精神家园,而且更是人们行动的指南。人类的一切行为都是在一定的思想认识指导下进行的,不同的认识就会产生不同的行为。在人与自然关系的思想认识上,由于社会生产力发展水平不同,人类对人与自然关系的认识不同,导致人对自然的行为不同。农耕文明时代,由于生产力水平较低,人类生存依附于自然,形成对自然神秘的认识,正是这种盲目的神秘思想认识指导人类敬畏自然、崇拜自然,人依赖自然;工业文明时代,生产力水平较高,特别是科学技术的迅猛发展,人类取代了上帝,上帝死了,一切皆有可能。人类不再依附于自然,而是动用"上帝的魔杖"改天换地,造成人与自然的危机;在生态文明建设的新时代,人类必须树立人与自然是生命共同体的思想,并在这一思想的指导下,在生产方面,坚持绿色发展,秉持生态修复与保护并重的原则,走可持续发展道路,根本改变高投入、高产出的传统生产模式,促进循环经济的发展;在生活方面,坚持绿色消费,勤俭节约,推动人与自然和谐共生,只有这样,自然才能无私地回馈人类,生态文明建设的目标才能早日实现。

(三) 引领人类走向未来的希望

人类只有一个地球,全球生态危机如果继续发展下去,人类将没有未来。人类是继续沿着资本主义工业化道路前行,是回到农耕文明时代,还是选择生态文明?只有走生态文明之路,构建人与自然和谐共生的现代化,人类才有未来。马克思主义关于人与自然关系的思想给人类以希望,引领人类走出黑暗,走向人与自然、人与人、人与社会和谐的未来。

在习近平新时代中国特色社会主义思想指导下，建设社会主义生态文明新时代，这是人类走向共产主义的必然。当然，自然的解放必须通过人的解放来实现，充分调动人民群众的积极性，全世界人民联合起来，消除国家与国家、地区与地区之间、种族之间、人与人之间等不平等的国际秩序和社会关系，构建人类命运共同体，生态文明建设才会更有成效。生态文明作为国家发展战略，其核心问题是人与自然的关系问题，只有处理好人与自然的关系，才能建设好生态文明，人类的明天才会更美好。

四、自觉学习和运用马克思主义关于人与自然关系的思想

自觉学习和运用马克思主义关于人与自然关系的思想是当代青年的义务和责任，只有掌握马克思主义关于人与自然关系的思想精髓，从自身做起，践行这一思想，才能承担起生态文明建设的重任。

（一）努力学习马克思主义关于人与自然关系的思想

马克思主义关于人与自然关系的思想包含丰富的内容，浓缩了各个历史时代的精华，具有穿越时空的跨时代价值。人与自然的关系是人类最基本的关系，也是人类文明最核心的内容，不仅要掌握经典作家的基本观点，更要学习马克思主义关于人与自然关系思想的最新理论成果。习近平生态文明思想是最新的马克思主义关于人与自然关系的思想，作为当代大学生要努力全面系统掌握其基本立场、观点和方法，形成正确的世界观、人生观和价值观，才能成为无愧于生态文明新时代的优秀青年。马克思主义关于人与自然关系的思想通过多层面、多视角表达人与自然的主体性、社会性关系，阐明了这个关系不是知识论、预设论视域下的关系，而是存在论、生成论、过程论视域下的关系。人、自然、社会动态地相互影响、作用、制约，形成彼此渗透、交融的完美系统整体。因此，只有从现实社会实际出发，才能领会马克思主义关于人与自然关系思想的精髓。

（二）认真反思马克思主义关于人与自然关系的思想

学习马克思主义关于人与自然关系思想的立场、观点和方法是掌握马克思主义关于人与自然关系思想精神的第一步，但还不能说已经掌握了马克思主义关于人与自然关系思想的精神，只有经过反思，才有掌握本真精神的可能。实际上，反思的过程是"消化吸收"本真精神的过程，是从感

性认识到理性认识的过程，也是总结思考的过程。为什么要学习马克思主义关于人与自然关系思想？从中能学到什么？怎样才能学深、学透？这些关于学习的重要问题，必须弄清楚。

人类从产生到今天，都是在处理人与自然关系的过程中成长发展的，人类的一切文明成果都是处理人与自然关系的结果。马克思主义关于人与自然关系的思想作为真理性的认识，阐释了人与自然是生命共同体，但由于工业文明主导的人类生产、消费等方式导致人与自然的异化，超越工业文明，废除资本主义私有制，建立社会主义公有制，建设生态文明社会新形态，是走向共产主义的必然趋势。这一思想不仅是科学真理，而且是人类走向未来的希望。当下的个人、单位组织、民族、国家都应肩负起历史的责任与使命，从自身做起，唤醒内心沉睡的道德与良知，摒弃不利于人与自然关系和谐的思想与行为，积极培育生态文明的人格，践行生态文明，推进全球生态治理体系现代化，构建人类命运共同体，为人类未来做出自己的贡献。

（三）践行马克思主义关于人与自然关系的思想

学习马克思主义关于人与自然关系的思想不仅要"内化于心"，认识到这是人类走向未来的希望，坚定马克思主义信念，而且人人都要"外化于行"，从自身做起，自觉践行生态文明理念。人与自然和谐共生不是知识，而是人类行为的目标与结果。人类只有丢弃工业文明主导的价值理念，在马克思主义人与自然关系思想指导下，处理人与自然、人与人、人与社会的关系，才能超越物欲横流的泥潭，摆脱霸权思维的困扰，世界才能和平，人类命运共同体才能形成。青年是祖国的明天，只有青年人担当历史的责任与使命，美丽中国的梦想才能早日实现。

第二讲　人与自然是"生命共同体"

通过斯芬克斯之谜的故事,领会思考人、自然、社会的本真关系以及人类文明对于人与自然关系的价值;在学习马克思关于人与自然对立统一的关系、"自然的人类史"基础上,深刻领会"人与自然是生命共同体"的精神实质,从存在论意义上把握马克思主义关于人与自然关系的思想。

一、斯芬克斯之谜

(一) 斯芬克斯之谜的问题

古希腊悲剧家索福克勒斯在《俄狄浦斯王》中提出:"一种动物早晨四条腿走路,中午两条腿走路,晚上三条腿走路,这个动物是什么?"这一流传千古的古希腊神话故事"斯芬克斯之谜"给我们提出三个问题需要思考:人是什么?自然是什么?人与自然的关系是什么?古往今来,一代代思想家、科学家、实践者对这些问题进行了终身探索,最终形成了哲学、自然科学、社会科学以及人学等学科。但不论基于怎样的认知,故事告诉我们"破解自然之谜的人必定是杀父娶母的俄狄浦斯"。

(二) 斯芬克斯之谜的实质

实际上,斯芬克斯之谜的实质就是通过故事阐释人与自然始终存在天然的矛盾,不论人类是否破解自然之谜,对人类来说都是一场悲剧。

一方面,俄狄浦斯破解了"斯芬克斯之谜",则"斯芬克斯"这个狮身人面的有翼怪兽就立刻消失了,剧本演绎出了俄狄浦斯杀父娶母、刺瞎自己眼睛的悲剧,意味着人类认识自然,掌握了自然规律,在改造自然的过程中,纯粹的自然就消亡了。假如没有了自然,人还能存在吗?其他生命还能存活吗?人必然是生不如死。

另一方面，俄狄浦斯不能破解"斯芬克斯之谜"，则意味着人面临生存的自然考验。在纯粹的自然环境里，由于人的先天不足，时时刻刻都面临自然的威胁，随时都有被其他生命吃掉的可能。人只有依靠自己的大脑优势，凭借人类创造的文明，人才能克服自身的不足，在"物竞天择，适者生存"的自然环境里延续下来。如果说"人是什么"这一问题是千古难题，那么，"人与自然的关系"问题不仅是人类永恒的重大基本问题，而且对这一问题的不同回答与选择，形成了不同的人类文明发展史。可以说，人之为人的根本性规定就在协调人与自然关系的过程中、在人类文明的创造与延续中形成，而文明一旦形成，就会成为一种客观的存在力量反过来影响人、自然及其关系。这种人与自然相互影响、制约的关系发展史就是人类发展史，也是自然发展史。

德国古典哲学家康德终身探索的四个问题"我能知道什么""我应该做什么""我可以希望什么""人是什么"，实际上就是解答人与自然的关系问题，从而形成了人与自然关系的认识论、实践论和价值论。人正是在自我需要的驱动下来认识、改造自然，满足自我的生命延续过程，在这个过程中，人、自然及其关系得以形成。实际上，康德阐明人只是一种可能性，人要想成为人，就必须在认识、改造自然的实践活动中，通过满足自身需要的价值关系而形成。也就是说，人、自然及其关系不是预设论而是生成论，通过人的自觉活动成为想成为的人、自然、社会。可以说，在哲学史上，康德哲学承先启后，总结了古希腊以来的哲学思想，同时又开辟了现代西方哲学的发展道路，揭示了人与自然关系的复杂性。但不论如何复杂，任何思想家都不可否认的事实是人与自然的关系是全部人类历史形成的基础。马克思高度评价了人与自然的关系在人类历史中的价值，认为正是在人与自然关系基础上，才有了人与人、人与社会的关系，才有了人类文明发展史。"全部人类历史的第一个前提无疑是有生命的个人的存在。因此，第一个需要确认的事实就是这些个人的肉体组织以及由此产生的个人对其他自然的关系"[①]。

---

① 马克思，恩格斯. 德意志意识形态[M]//马克思，恩格斯. 马克思恩格斯选集：第1卷. 北京：人民出版社，2012：146.

二、人与自然辩证统一的关系

(一) 人是自然的产物,自然对于人来说具有优先性

自然的存在与发展对于人来说是一种不以人的主观认识而存在的具有规律性的客观存在,"物质决定意识,而意识对于物质具有能动的反作用。"人的意识一旦形成,则作为一种精神的存在就会通过人的实践活动充分利用自然的客观规律性来改造自然、反作用于自然,创造一个人化的自然世界。但不论怎样,人与自然形成的关系是一种客观的存在,这种关系是历史形成的、不以人的意识为转移的关系。"星云假说"告诉我们宇宙最初是混沌的世界,没有太阳、月亮、地球,更没有人及其他生命,只是在140亿年前宇宙大爆炸后,经过长期的自然物理化学反应而逐渐形成的具有特定运转规律的天体构成的宇宙。宇宙大约有1 000亿个星系,每个星系大约有1 000亿颗恒星,在银河系中像太阳这样的恒星又有多少呢?在浩瀚无垠的宇宙里,地球处于什么样的位置呢?而生活在地球上的人又是什么呢?根据考古发现,地球在46亿年前形成,到35亿年前才出现生命有机体,从单细胞微生物到无脊椎动物、从海洋到陆地出现脊椎动物,再到灵长类动物,经过大自然漫长的演化,在35万年前人类产生,人是自然界长期演化的产物。在地球生态系统中,太阳以地球为对象,每时每刻向地球释放无限的光和热,这些光和热能否被人类利用,取决于人类认识、把握太阳光和热的能力,否则,就是自然的存在物。伴随工农业的发展、科学技术的进步,目前人类每年吸收转化太阳的能量是 7.2×10^{17} 千卡(1卡约合4.18焦耳)热量,同时,通过普通农业以及设施农业等方式,每年自然生产的有机物质(碳水化合物、蛋白质和脂肪)达1 068.2亿吨(中国粮食产量每年是6.5亿吨)。[①] 这是人类生命存在的物质基础和社会运动、发展的动力。通过生态系统食物链5个营养级的物质转化(实际是生命运动过程),即通过植物—食草动物—食肉动物—人—微生物的生命活动,实现生命与生命以及与环境之间的物质循环,物质元素通过动物生命活动把物质能量回归自然环境,构成物质循环生态系统。在物质循环过程中,碳、氢、氧、

---

① 科学照耀下的世界 [EB/OL]. https://zhuanlan.zhihu.com/p/170518944.

氮、磷、钾等30多种物质元素生成生物有机体，这些元素的不同组合形成不同的生命体，最终还是以单一物质的形式复归于自然。人类只是自然中的一种生命形式，处于生态位的最高端，或者说只是生命运动的一个环节而已，物质的循环流动都是生命运动的表现，展示了自然的奇妙无穷，让人感受到自然的神奇，也让人认识到人类没有能力掌控自然。"实际上，它（人类的废弃物）只是从一个地方迁到另一个地方，从一种分子形式转化为另一种，它一直在任何一种有机体的生命过程中活动着，在一段时间里，它就隐藏在这种有机体中。"① 也就是说，人与自然的关系表面看是物质关系，人类通过劳动从自然中直接获取，或者加工改造人类所需要的物质，实际上，所有自然或非自然物质都是生命活动的组成或载体，世界上存在的任何物质元素，包括人造的各种非自然的物质，例如核废料、塑料、水银、农药、除草剂等，它只能是从一种分子形式转化成另一种分子形式，或者暂时储存在生命体内，成为生命的重要异己成分。当然，它如若对生命有害，那么，不论是人还是动物、微生物，都会形成累积的互害关系。例如人工合成塑料从塑料制品厂到城市社区、乡村田间地头，即使成了碎粒，最后都会成为山水林田湖草沙冰以及植物、动物、人身体里的有害健康的成分。人类要想健康存活下来，就必须敬畏自然、尊重自然、顺应自然，这就是敬畏生命，不拿生命开玩笑。否则，自然生命会自然地转移人类创造的各种有害物质来危害人类。可见，在地球生态系统中，由于人类的活动把自然生命联系起来（任何自然生命都具有这样的功能），人与自然成为一体的生命存在，同时，也使众多非生命物质变成了生命的组成部分，成了地球上必不可少的生命存在。地球生态系统就是在这种物质循环稳态机制作用下，在物质循环和生命的运动中形成了地球生态系统动态平衡发展过程，导致地球生态系统生命的进化、演变与平衡。在时空的变迁中，无数的生命都成为匆匆的过客，无数的物种和生命被大自然淘汰。农业就是人类利用动物、植物、微生物的生命规律来生产食品的行业，没有这些生命存在，就没有农业，没有人类所需的食品，如果仅靠自然提供的自然

---

① 巴里·康芒纳. 封闭的循环——自然、人和技术 [M]. 侯文蕙，译. 长春：吉林人民出版社，1997：31.

食品，不能满足人类发展的需要，更不会有现代文明，正是有这些生命的存在，人类才能作为自然生态位中最高级的生命存在。从根本上说，在食物链条上，没有其他生命的奉献，也许就没有人类。作为人类，应该感恩自然、敬畏自然，善待一切自然生命。习近平在党的十九大报告中指出"人与自然是生命共同体，人类必须尊重自然、顺应自然、保护自然"[1]，非常形象表达了人与自然关系的生命存在。

（二）自然是人化的自然

人类形成以后，为了生存与发展，不得不改造自然，从自然中获得自身需要的物质、能量和信息。这既是人类的劳动实践过程，也是人类意识反作用于自然的过程。"山水林田湖草沙冰"是一个相互联系、永恒发展的自然生态系统，在生态系统中，人与自然是对立统一的关系。人既是自然的成员，同时又不同于自然，人之为人的根本不在于他是自然的存在，而在于人具有不同于其他自然存在物的主体性，人能够运用社会教化的自我的意识来遏制自然本能、遵循自然规律、实现自我的目的。人正是凭借这一优势成为自然的"霸主"。事实上，"人为自然立法""人统治自然万物"，这些征服自然的观念只是人类的妄想，认识自然奥秘是人类永恒的任务，自然为人类设定了认识、改造自然的限阈。人的眼鼻喉舌身等自然感觉器官都是自然给人设置的，具有巨大的先天不足，这种不足促使人努力通过大脑来弥补，创造各种工具来改造自然，从而成为自然界最高级别的动物。然而，自然万物都是有限的生命存在，自然资源不是取之不尽、用之不竭的资源，而是有限的生命，人要遏制自身的欲望，将人类改造自然的力度限制在地球能够承载的范围内，人与自然的关系才会和谐，否则，自然资源就会枯竭，生物多样性就会减少，直接危害到人的生命。人与自然的矛盾运动推动着人与自然关系的演化，从量变到质变，再在新的质变基础上进行新的量变，在此基础上，人与自然的关系必然经历肯定阶段、否定阶段、否定之否定阶段。在这个过程中，人创造了人、自然及其关系以及人类社会。劳动不过是协调人与自然关系的一种方式，正是通过劳动

---

[1] 习近平. 决胜全面建成小康社会 夺取新时代中国特色社会主义伟大胜利——在中国共产党第十九次全国代表大会上的报告[M]. 北京：人民出版社，2017：50.

这种方式创造了人化自然（或者自然的人化）。

(三) 人与自然的演化

马克思主义认为，人类文明史形成后，地理环境、人口因素、社会生产方式作为社会存在的构成要素决定着社会意识，而社会意识一旦形成，又反过来影响社会存在，两者形成作用与反作用的生生不息的对立统一关系。在人类社会结构中，社会存在的三个方面内容以及人类社会基本矛盾都包含人与自然的内涵。地理环境主要是自然环境，人口因素是人与自然关系的结果，在生产方式中，生产力包含自然要素，没有自然这个对象，就没有生产力，而生产关系实质就是人与自然的关系。人类社会内在的矛盾运动规律生产力与生产关系、经济基础与上层建筑之间的矛盾运动，其根本内容就是人与自然的矛盾运动规律，这是人类社会基本矛盾运动得以可能的基础和前提，正是人类在处理人与自然关系的过程中，形成生产力和生产关系即生产方式，进而形成一定的经济基础和上层建筑，而经济基础和上层建筑核心内容都是围绕人与自然的关系来构建的。一定的经济基础和上层建筑一旦形成，反过来又影响人与自然的关系，正是这一内在的人与自然矛盾运动规律推动人类社会不断由低级向高级发展。也就是说，在马克思主义历史唯物主义中深含着人与自然的关系，人与自然的关系思想是马克思主义历史唯物主义的理论前提基础。经济基础、上层建筑是人类意识的产物，而人类意识是对社会存在的反映，社会存在的基础和根本在于人与自然的生命存在，因而，人类社会不过是人与自然关系相互影响、相互作用的结果。

三、"自然的人类史"

(一) 人类史

人与自然在相互影响、相互制约中形成了"自然的人类史"，或者说"人类的自然史"，实质是创造了人类历史。

从广义看，人类历史包括"史前史"和"文明史"。"史前史"是指从人类诞生到有确切历史记载的阶段，按照这一定义，神话传说阶段的上古史应该属于史前史；"文明史"是人类区别于一般动物、有人类确切痕迹（陶器、青铜器、铁器、文字）的历史，是人类文明发展到今天的历史。文明史可以划分为古代史、近代史、现代史和当代史。

从狭义看，人类历史是人类有文字记载以来的文明史，主要包括古代史、近代史和现代史。在中国历史上，从盘古开天地到三皇五帝，再到有巢氏、燧人氏、伏羲氏、神农、黄帝等神话传说可以称为上古史，或者是史前史。

中国古代史是从公元前21世纪夏朝开始到1840年鸦片战争，历经5000多年历史；中国近代史是从鸦片战争到新中国成立；中国现代史是新中国成立后至今的历史。从社会阶级立场出发，马克思主义把人类历史划分为原始社会、奴隶社会、封建社会、资本主义社会、共产主义社会五大社会形态，社会主义社会仅仅是从资本主义走向共产主义的过渡阶段，或者叫共产主义的低级阶段，是阶级消亡及其对立的根源——私有制逐步消灭的阶段。

(二) 人类史的创造者

在人类社会发展中，人民群众是历史的创造者，是人与自然关系的真正主人。历史（自然史或人类史）不是英雄创造的，而是人民群众创造的。人与自然的关系实质是人民群众与自然直接的作用与反作用的关系，但在私有制条件下，这种关系被"有产者"掌控着，成为剥削他人的资本。在人类历史的发展中，一部分人通过占有自然来剥削他人，而大多数人为了生存，被迫通过自己的肉体感性地作用于自然，创造人与自然的关系，这就是实践、认识、价值关系，其实质就是生命存在关系。

四、生命共同体

(一) 物质与意识

马克思主义认为物质决定意识，意识反作用物质，这是辩证唯物主义的基本观点，但这里的物质不是知识论中的客观存在，而是存在论中人与自然的生命存在，意识内容是意识到的生命存在。物质与意识的关系不是在抽象的想象中形成，而是在现实社会实践中彼此不断影响制约，从而形成人类文明发展史。

100多年前，列宁从无产阶级革命实践出发，从认识论的高度科学揭示了世界的物质性本源，列宁的物质概念不只知识，更是无产阶级的革命世界观，具有重要的革命意义。新时代，习近平从存在论的高度提出"人与自然是生命共同体"[①]，其哲学意蕴在于揭示了世界的根本不仅仅是一种客观的物质存在，这种物质存在更是生命存在，这是当前人类必须树立的具有建设性意义的世界观。

（二）"人与自然是生命共同体"

人类认识与实践的基本法则就是"人与自然是生命共同体"。习近平"人与自然是生命共同体"思想丰富发展了列宁的"物质"概念内涵，揭示了人与自然关系的生命存在论本质，丰富发展了马克思主义的辩证唯物主义思想，具有重要的现实意义。人类思维必须以人与自然的生命存在为基础和前提，一切从实际出发、实事求是，坚持绿色发展理念，认识改造自然、造福人类。只有这样，人与自然的关系才能和谐。

---

① 习近平. 决胜全面建成小康社会　夺取新时代中国特色社会主义伟大胜利——在中国共产党第十九次全国代表大会上的报告［M］. 北京：人民出版社，2017：50.

第三讲 人与自然的实践关系

通过对劳动与实践、自我与无我、文明历程的学习，深刻领会马克思主义关于人与自然改造与被改造的关系思想。认识劳动是自由自觉的对象性活动，实践是社会中的实践，无论是劳动还是实践，都是处在一定文明背景下的人满足自身欲望的活动。文明不同，劳动或者实践的动机、目的、手段、结果不同，人与自然的关系就会展现出不同的样态，进而形成不同的文明以及人和自然的关系。

一、劳动与实践

（一）劳动

从人的产生来说，人是自然界长期演化的产物，人的身躯是大自然的组成部分，大自然是人的无机的身体。"自然界，就它自身不是人的身体而言，是人的无机身体。"[1]人又是社会的产物，在人形成过程中，劳动创造了人，正是劳动使人能够按照一定的法则来处理人与自然、人与社会、人与自我的关系，能够自我约束和遏制自己的自然本能，这时人摆脱了自然的随意性，从而人脱离自然而成为人。不过，人的生成不是一次完成的，人成为人是一个永恒的生成过程，是一个人终身的使命，整个人类也是面临这样一个不断克服自然的约束而生成的过程，这个过程也是人的解放之路。可见，劳动是人类协调人与自然关系的一种方式，不同的劳动动机、目的、手段、对象会形成不同的结果。

---

[1] 马克思.1844年经济学哲学手稿[M].中央编译局，编译.北京：人民出版社，2018：52.

(二) 实践

实践是人类为了满足自身的需要而能动地改造世界的社会性的物质活动。马克思主义把人与自然的关系概括为对象性的实践关系，即人以自然为对象，通过改造与被改造的感性对象性实践活动，创造一个属人的世界，满足人类生存的需要。马克思在青年时期提出的职业理想是"如果我们选择了最能为人类福利而劳动的职业，那么，重担就不能把我们压倒，因为这是为大家而献身；那时我们所感到的就不是可怜的、有限的、自私的乐趣，我们的幸福将属于千百万人，我们的事业将默默地，但是永恒发挥作用地存在下去，而面对我们的骨灰，高尚的人们将洒下热泪。"①"最能为人类福利而劳动的职业"是一条通过奉献自我而实现人类解放的崇高理想道路，马克思为实现理想，舍弃了个人及家庭的幸福，终身奉献共产主义事业。在马克思的理论探索和理想追求中，提出"职业—生产劳动—实践"三个概念，说明马克思的思想也在不断变化中，"职业"是个人的职业，"生产劳动"是自由自觉的对象性活动，表达了马克思青年时代追求自由的理想，没有超越西方个人自由主义思想境界，而"实践"是社会中的实践，在《关于费尔巴哈的提纲》中实践概念的提出标志着马克思世界观从自由主义升华为共产主义，真正克服了黑格尔的主观唯心主义缺陷和费尔巴哈的抽象唯物主义，成为辩证唯物主义世界观，从而，在文化的层面超越了西方文明主导的个人主义至上性，走向无我的共产主义境界。马克思主义"无我"的共产主义理想和东方文明"无我"文化传统相统一，这是马克思主义在东方广泛传播的重要文化基础。

从人的生存来看，人要延续生存下去，必须通过实践活动，源源不断从自然中获取并创造一个属人的世界。"在实践上，人的普遍性正是表现为这样的普遍性，它把整个自然界——首先作为人的直接的生活资料，其次作为人的生命活动的对象（材料）和工具。"② 马克思认为，自然万物都是对象性关系，但人与自然的对象性关系不同于动物与自然的对象性关系，人类是有意识的存在物，人与自然的对象性关系是一种具有主体性的对象

---

① 戴维·麦克莱伦. 马克思传 [M]. 王珍，译. 北京：中国人民大学出版社，2010：15.
② 马克思. 1844 年经济学哲学手稿 [M]. 中央编译局，编译. 北京：人民出版社，2018：52.

性关系，通过实践创造对象世界，再生产整个自然界，"通过这种生产，自然界才表现为他的作品和他的现实。"① 人不仅是自然的受动存在物，而且是人的自然存在物，是自为存在物。而动物仅仅是受动的存在物，没有主体性，只能按照本能的需求适应自然。"动物为自己营造巢穴或住所，如蜜蜂、海狸、蚂蚁等"。② 而人能够通过实践创造一个人化的自然，或者说实现自然的人化。这样，自然界就有了人化自然（第二自然）和纯粹自然（第一自然）的区分。不论是哪种自然，对人来说都是客观的存在。"自然界，无论是客观的还是主观的，都不是直接同人的存在物相适合地存在着。"③ 在费尔巴哈的视野中，实践、人、自然都是抽象的概念，而非现实社会的存在；在黑格尔的逻辑体系里，劳动不过是人的欲望的遏制，是一种精神活动。"黑格尔唯一知道并承认的劳动是抽象的精神的劳动。"④ 人、自然不过是大脑中的绝对精神的产物，人类历史也不过是绝对精神徐徐展开的过程。"被抽象理解的、自为的、被确定为与人分割开来的自然界，对人来说也是无。"⑤ 这样的实践、自然和人是不存在的。

马克思主义理论视野中的实践是历史、现实与未来的统一，是与人密切相关的活灵活现的现实存在。实践是一定历史条件下的实践，而实践是人的意识活动结果——知识的现实化过程，或者说实践就是展开了的人的认知，感性的自然是改造过的人的心灵。"工业的历史和工业的已经生成的对象性存在，是一本打开了的关于人的本质力量的书，是感性地摆在我们面前的人的心理学。"⑥ 马克思主义关于人与自然关系的实践基础，或者前提条件是人类意识（当然，人类的意识是对物质的反映）不同的认知，形成不同的实践活动，而不同的实践，就会形成不同的人、自然、社会，这种认识与实践的关系是人类永恒的主题，其核心内容就是人与自然的关系。马克思主义关于人与自然的关系思想告诉我们，人类实践活动是人类生存的基础，也是人类认识的基础。

---

① 马克思.2018.1844年经济学哲学手稿［M］.中央编译局，编译.北京：人民出版社：54.
② 同①53.
③ 同①104.
④ 同①264.
⑤ 同①280.
⑥ 同①238.

二、自我与无我

在人类超越自然的必然性走向自由解放的道路上,存在两种相反的道路:一种是强化"自我"的道路,一种是强化"无我"的道路。

(一) 自我

"自我"是西方文明中的人性假设,每一个人都是自私的,通过追求自我利益的最大化而实现人类的进步,通过自我的奋斗而实现自我解放。信奉宗教的教徒以及现实生活中的利己主义都是追求自我的代表,也许在世界和平时期,尽管他们能够在一定程度上获得心灵安慰和救赎,但不可能从根本上解决自然、社会的压迫来实现自我的解放。这种以实现"自我"利益最大化的文明教化,往往形成"丛林法则",人与人、人与自然、人与社会之间关系异化。

(二) 无我

"无我"是一种"大我"的人生境界,表达的是通过牺牲"小我"即"自我",而成就"大我",通过解放他人以及全人类而实现"小我"。马克思主义者以及东方文明主导下的人们就是通过"无我"的奉献来解放他人而实现自我的。"无我"并不是没有自己的存在,每一个人都是现实的社会中的活生生的人,但面对现实的自我与他者的关系问题,西方文明鼓励人们实现自我利益最大化的选择,而东方文明,特别是马克思主义告诉我们通过实现他者来实现自我。这种文明的教化,往往形成人与自然是"天人合一",人与人、人与社会是"老吾老以及人之老,幼吾幼以及人之幼"的"美人之美"情怀。

(三) "自我"与"无我"的实质

在人类文明的大道上,"自我"与"无我"两种相反的道路实质是个人精英主义道路和人民群众道路,前者是精英权贵阶层,他们利用经济人假设来宣传虚假的"自由、民主、平等、博爱、人权",然后利用人的天真和善良来谋取精英集团利益,为了自我的利益可以违背诺言,也可以破坏生态、杀人放火、发动战争,一句话,为了自我的目的,不惜一切手段,无恶不作;后者则是在无我的状态下为了"世界大同"而无私奉献,为了集体利益、为了他人的幸福而奉献自我,甚至生命,这样的人不会"以权谋私",更不会为谋取个人的财富而破坏自然,马克思主义就是引领人类走出"自我"、实现"无我"的伟大理论,是通过解放全人类而解放每一个人的理论。

三、文明的历程

从人与自然关系的视角,可以将人类文明划分为农耕文明(农业文明)、工业文明和生态文明三大阶段。

(一) 农耕文明(农业文明)

农耕文明(农业文明)是在社会生产力水平较低的情况下形成的一种文明。这种文明以人的体力、畜力等自然力量为技术手段,来协调动物、植物和微生物的关系,形成人与自然生生不息的物质循环关系,以满足人的生存需要,在此基础上,坚持"天人合一""道法自然""仁爱"思想,遵循自然规律和道德伦理法则,形成了以"人性本善"论为核心的人类文明教化系统,凸显了自然是人的主人、人臣服于自然的人与自然的关系。

(二) 工业文明

工业文明是在社会生产力水平较高的情况下形成的一种文明。这种文明以"天人相分"的价值理念为引领,采用机械化、化学化、信息化、生物化、设施化等技术手段,以征服、掠夺、占有自然资源为目的,遵循"丛林法则""弱肉强食"的规则来处理天地人的关系,以满足人的发展需求,形成了以"人性本恶"论为核心内容的人类文明教化系统,展示了人掌控自然、成为自然主人的人与自然的关系。"主张控制自然或扩张人在世界中的力量是人类理性的普遍特征而不只是现代的标记……"[①] 工业文明为人类创造了丰富的物质财富,却造成了日益严重的全球生态危机。从本质上说,农耕文明(农业文明)是一种利用自然生命而创造的人类文明,它面向生命的世界;而工业文明则是利用自然动力来掠夺自然生命的文明,它面向死亡的世界。

在农耕文明(农业文明)主导的时代,人是自然的"奴隶",在工业文

---

① 威廉·莱斯.自然的控制[M].徐崇温,主编.岳长岭,李建华,译.重庆:重庆出版社,1993.:131.

明时代，人是自然的"主人"。不论人是自然的奴隶还是主人，都不是理想的和谐关系。1988年，75位诺贝尔奖得主在巴黎集会，呼吁全世界：人类要在21世纪继续存活下去，必须回到两千多年前的孔子那里，汲取中国古代儒家智慧。实际上是警示人类反思、学习、借鉴、探寻人与人、人与社会、人与自然的关系。人类既不能回到纯粹的农耕文明时代，也不能继续沿着工业文明这一人类走向毁灭的不归路继续前行，必须发展一种新的文明形态，这种新文明就是生态文明。

（三）生态文明

生态文明的本质内涵是自然生态得以可能的文明，也就是衡量人类文明与否的标准。从广义的角度来讲，生态文明是人类文明的一个发展新阶段，是人类文明农耕文明（农业文明）、工业文明的否定之否定阶段。只有创造生态文明，人与自然才能和谐相处。从狭义的角度来讲，生态文明是社会文明的一个方面、一个要求。党的十八大从"五位一体"的角度明确提出生态文明发展战略，明确了生态文明是社会主义生态文明的本质属性。生态文明是社会主义走向共产主义的必由之路。

第四讲　人与自然"二律背反"的认识关系

从逻辑上看,人类认识存在"二律背反"现象。如何破解这一现象?通过学习马克思人类历史三个阶段的认识,进一步把握马克思主义的认识论。认识是什么?为什么认识?怎么样认识?通过生产实践,认识自然规律;把规律性的认识有机转化为真理,在真理的指导下,通过实践,满足人类的需要。这就是真理性认识的价值,从而确信马克思主义认识路线。

一、二律背反

(一)康德的"二律背反"

康德在《纯粹理性批判》中提出了理性在宇宙论问题上的二律背反现象。关于时间与空间问题:世界在时间上有开端、空间上是有限的;世界在时间上没有起点、空间上是无限的。关于构成自然世界的基本粒子问题:世界上的一切都是由单一的不可分的基本粒子构成的;世界上没有单一的基本粒子,一切事物都是可分的。关于自由意志的问题:世界上存在自由;世界上不存在自由,一切都是必然的。关于宇宙的成因问题:世界有始因;世界无始因。二律背反现象不是任意捏造的,它是在人类理性的本性上不可避免的,也是人类生命有限性决定的,康德看到了理性认识的辩证性、局限性以及独断论的片面性,人不可能超越现象去认识物自体,为人类理性划界,给哲学及人类的信仰开辟了空间,为人类真理性认识提供了可能性。阐释了科学解决经验世界的问题,而真理信仰解决超验世界的问题。

(二)人与自然的"二律背反"

在人类理性认识人与自然关系过程中,存在一个认识的悖论即二律背反现象，用知性范畴去把握超验自然的时候，人类认识往往产生两种截然相反的自相矛盾的结论，许多自然现象和问题既是又不是某一现象和问题，这一认识论的二律背反现象无法用科学来认识。例如，人是自然，人不是自然；人能认识自然，人不能认识自然；人类是自然的主宰，人类不是自然的主宰；自然给人类提供无限资源，自然给人类提供有限资源。这些人与自然关系问题悖论很难用科学解答，因为任何结论都可以用科学证明其正确性或不正确性，这种不确定性只能用哲学或者信念信仰来把握。在人与自然关系中，每一代人可以在一定程度上科学把握自然，但不能穷尽对自然的认识。一代代人如何在有限的生命历程中把握自然呢？对于生生不息有灵性、有生命的自然，人类只能用信念或信仰来认识。每一个人要深刻领会中国传统文化的教化"人在做天在看"的内涵，要认识到人在大自然中的局限性。

（三）东西方文明的"二律背反"

在人与自然关系悖论基础上形成了东西方文明的二律背反现象，即"天人合一"与"天人相分"。它告诉我们人与自然既是对立又不是对立的，既是统一的又不是统一的，这一二律背反现象延续至今。

东方文明以"天人合一"为根本价值理念，坚持人与自然的统一，以人性本善论为文明建构前提，通过德治、法治和自治形成了以中央高度集权为特征的政治架构和以情为核心的感性文化体系，天人合一的价值理念及其社会架构有效保护了自然环境；西方文明以"天人相分"为核心价值理念，坚持人与自然的对立，以理性和宗教信仰为两翼、以人性本恶论为认识论前提，形成了以法为主的西方理性文明体系，这种"人为自然立法"凸显人的统治地位的西方文明，导致对人与自然及其关系的先天的认知缺陷，未能认识到人在自然中的地位以及自然为人划界的客观事实，这种霸道文明定会造成自然的灾难。可见，在人与自然关系上，认知方式的不同导致不同的文明形成，是是非非难以用简单的正确与错误来判断，不过，为了谁、依靠谁的问题依然清晰可见。西方文明高举的是动物世界的"丛林法则"，张扬的是以自我为中心的精英主义、掠夺主义，在这种文明视野下，灵与肉、强者与弱者、剥削与被剥削、压迫与被压迫始终是西方文明的一条主线，这种血与泪相互交织形成的西方文明给世界人民带来了无限的痛苦与烦恼，从根本上来说是人民群众的灾难。东方文明高举家国情怀旗帜，"老吾老以及人之老，幼吾幼以及人之幼"，通过个人利他的道德善举，遏制个人的贪欲，主张人民至上，否定个人主义，将自己融入自然、社会之中，从而超越世俗的困扰，达到无我的境界，实现"天下大同"的理想世界。

二、人与自然关系的认识三阶段

马克思主义认为人与自然关系是一个历史发展过程，经历或必将经历三个历史阶段："人的依赖关系（起初完全是自然发生的），是最初的社会形态……。以物的依赖性为基础的人的独立性，是第二大形态……。建立在个人全面发展和他们共同的社会生产能力成为他们的社会财富这一基础上的自由个性，是第三个阶段。"[①] 马克思所说的这三大社会形态或三大社会阶段，从认识论意义上来说就是根据人与自然关系的发展程度来区分认识的三个阶段，就是前资本主义时代（原始社会、奴隶社会和封建社会）、资本主义时代（资本主义社会）和资本主义以后的时代（社会主义社会、共产主义社会）。

（一）"人的依赖关系"

在前资本主义时代，由于生产力水平较低，人的生产能力即开发利用自然的能力不强，生产的产品仅仅供自己需要，人们的交往也仅仅是在"狭窄的范围内和孤立的地点上"进行，是一种自给自足的自然经济。这个阶段，人受自然的压迫，人与自然保持相对和谐的自然状态。

（二）"以物的依赖性为基础的人的独立性"

在资本主义时代，由于工业文明的发展，社会生产力水平迅速提升，创造了丰富的物质财富，促使资本主义社会"普遍的社会物质变换，全面的关系，多方面的需求以及全面的能力的体系"，是商品经济时代，形成"以物的依赖性为基础的人的独立性"的人与自然的对立。在这个时代，人不仅摆脱了自然的压迫，而且人是自然的主人，人类开发自然的能力超过

---

① 马克思.1857—1858年经济学手稿[M]//马克思,恩格斯.马克思恩格斯文集：第8卷上.北京：人民出版社,2009：52.

了自然承载力，人掠夺、压迫自然造成了自然的"物质循环断裂"，人与自然的关系出现危机。危机的根本原因是资本主义私有制，要弥补断裂、克服危机，就必须通过无产阶级革命和专政，消灭资本主义私有制，建立生产资料公有制，实现共产主义，才能实现人与自然的和解。

（三）"自由个性"

"自由个性"的阶段是产品经济时代，即共产主义社会。马克思主义的最终理想社会就是实现共产主义。在共产主义社会，由于生产力的高度发达，物质资料极大丰富，生产资料公有制，消除了人剥削人的基础，商品经济消失，产品按需分配，人的思想觉悟极大提高，克服了异化，人、自然、社会全面解放，实现了人与人、人与自然、人与社会的关系和谐，人的自由个性得以全面发展。

马克思三大社会形态理论的根本逻辑是人与自然的关系，根据人与自然的关系发展，划分了三大社会形态，这是后来五大社会形态的雏形，为马克思主义历史唯物主义的形成奠定了重要的理论基础。三大社会形态理论实质是揭示了人与自然关系的认识三阶段。实际上，在自由资本主义发展阶段，马克思、恩格斯看到了人与自然的危机，并形象地用"物质循环断裂"理论来表达自然的危机，而自然危机不是自然本身的危机，而是人类文明的危机，认识到危机的根源在于资本主义私有制，正是在资本主义私有制度下，通过诱导人们对财富的贪婪追求，来促进科学技术的进步以及社会的快速发展，这种野蛮的进步是以对内残酷剥削、对外殖民抢劫、对自然无度掠夺为代价的。马克思主义经典作家看到了西方文明主导的人与自然对立的恶果，生态危机不仅是思想认识危机，而且是现实实践的危机。要化解生态危机，必须克服人与自然对立的认知，在现实的层面废除资本主义私有制，实现共产主义，最终实现人与自然的和解。马克思说："批判的武器当然不能代替武器的批判，物质的力量只能用物质力量来摧毁；但是理论一经群众掌握，也会变成物质力量。"[①] 可见，认识对于人类改造世界的实践活动具有重要意义。

---

① 马克思.《黑格尔法哲学批判》导言［M］//马克思，恩格斯. 马克思恩格斯选集：第1卷. 北京：人民出版社，2012：9.

三、马克思主义认识论

(一) 认识规律

马克思主义从认识论层面来把握人与自然的关系,认为人与自然是在实践基础上认识与被认识的能动性关系。人正是通过认识和实践两大活动形式,构成人与自然的关系,形成人类文明史。一定历史条件下的实践,决定人认识什么、怎么认识等认识的深度和广度,实践是认识的来源、认识的发展动力、认识的目的和检验认识真理性的标准,实践推动认识的发展,从感性认识到理性认识,从理性认识再到真理性认识;而真理性认识又反过来影响、决定实践的进程,从而构成人与自然的价值关系。这一循环往复的过程,彰显了人类认识运动的规律。马克思主义认识论认为人类对自然的认识既是相对的又是绝对的,每一个真理性认识都是对客观事物一定程度的认识,每一代人不可能穷尽对自然的认识,认识有待于深化;但每一个真理性的认识具有绝对性,都真实反映了客观事物,这是无条件的、绝对的。

(二) 认识悖论

马克思主义认识论告诉我们,"人能认识自然与人不能认识自然"是人与自然关系的认识论悖论。在现实的层面,从人类产生到今天,甚至以后,这个悖论都会存在并影响着人与自然关系的发展以及人类历史的形成。不论人们如何认识自然、改造自然,自然都会以自然的生命方式存在着、发展着,这一客观事实告诉我们,一方面,人能认识自然。每一代人在一定范围内能认识局部的自然,并且遵循自然的规律来协调处理好人与自然的关系,这是自然科学发展的认识论基础,是自然科学合法性的认识论前提,也是人们实践的理论基础;另一方面,人不能认识自然。由于人类生命的有限性以及认识能力的局限性,人不能解答所有的自然问题,人的认识有待于扩展和深化。人对自然的认识就是一个认识、实践,再认识、再实践,循环往复、生生不息的过程。既然如此,面对人与自然的认识悖论,人类实践的合法性显然不能仅仅依靠科学来解决,科学只能解决局部的认识问题,面对无限的生命自然世界,人类必须寻找一种真理性的信念或信仰来支撑不安的心灵,这样才能心安理得从自然中获得人类所需要的物质资源,否则，人的行为就缺失合法性，从而导致在人与自然关系上的认识与实践困惑，造成人与自然关系的危机。

（三）超越悖论

习近平总书记从新时代生态文明建设实际出发，提出人与自然是生命共同体思想，丰富发展了马克思主义辩证唯物主义理论，深化了物质与意识辩证关系原理，在思想上克服了人与自然关系的认识悖论，在人与自然关系上给人们提供了一种信念或者信仰，为从思想上克服生态危机提供了重要的精神力量。"人与自然是生命共同体"思想让我们真正认识到自然不是纯客观的、毫无生命的物质存在，而是由无数生命组成的生命世界，人的思维与认知必须从人与自然是生命共同体的角度来认识、处理。坚决反对物质主义思维下的人与自然的关系思想，把自然看成与生命无关的认识与改造对象，并且把自然看成是上苍赐予人类满足欲望、任人享受的对象，自然是取之不尽用之不竭的物品。在这样的认知下，生态环境就真正成了人类的牺牲品。

第五讲　人与自然"五位一体"的价值关系

通过学习人与自然"五位一体"的价值关系，树立辩证唯物主义价值观。从人类社会发展史看，人类社会历史都是在处理人与自然关系的过程中，在一定的经济、政治、文化、社会、生态需求驱动下价值形成过程。每一个人、群体、国家、民族乃至整个人类，都是在一定的人类社会历史条件下生存与发展的，同时又是按照人类社会的政治、经济、文化、社会、生态规则，从客观实际出发，认识自然、改造自然，为人处世，创造人生价值和社会价值。人类历史就是一代代人在人与自然关系基础上创造形成的价值史；人类社会发展的规律生产关系适应生产力发展的规律、上层建筑适应经济基础发展的规律，就是反映的人与自然的价值关系规律，正是这些客观价值关系变化决定着人类历史生生不息的演变。

马克思主义认为，人类实践和认识两大基本活动形式都是围绕人与自然关系展开的，并在此基础上形成了从实践到认识，再从认识到实践循环往复的过程，这个过程不仅是人类的生存发展史，也是人与自然价值关系形成史。人来到世界上，自然万物不会主动告知人类它对人类的价值意义，某自然物对于人类的意义与价值是人类自身探索自然世界的结果，是人类赋予自然的意义与价值，这是人类历史发展与文明进步的表现。在实践活动中，人类认识自然、改造自然，满足人类自身的需求，从而形成自然满足人的需要的经济、政治、文化、社会和生态价值关系。可见，人与自然的关系不仅仅是人与自然简单的认识与改造的关系，而且具有政治、经济、文化、社会和生态"五位一体"的价值关系。

一、人与自然关系的经济价值

(一) 经济价值

经济价值是指某事物对于人和社会的经济意义,或者经济行为主体从产品和服务中获得的经济利益,也就是某物或某种行为满足人、社会的经济意义。从人类的认知与行为看,不论是认知还是行为,首先是为了满足人的生存需要的物质经济欲求;其次是满足人的意识精神需求。不论是物质还是精神需求,都构成人与对象的价值关系。不论多么复杂的价值关系,最基础、最核心的价值就是经济价值。

从经济价值看,市场经济条件下,只要经济主体拥有对自然资源的使用权,就拥有处置自然资源的权利,无论其如何处置自然资源(如过度使用草甘膦、百草枯灭草,乱砍滥伐承包的林木树木),从法律和经济学意义上没有损害他人的经济利益,对其他人在法律和经济上都是公平的、合法的。这种认知仅仅看到了自然界对人的"经济价值",而没有看到其行为在生态链中的"生态价值",因而这种"公平"仅仅是"经济价值的公平",在其背后隐藏着生态环境的"不公平"问题。要解决生态环境不公平问题,就必须通过追责来实现生态公平。

(二) 人与自然关系经济价值的含义

人与自然关系的经济价值就是指人类通过改造自然而形成的满足人的物质利益的关系,在不同的社会历史阶段具有不同的内容。马克思主义认为,人与自然最初的、也是最基本的关系就是经济价值关系。人类的一切活动首先是为了生存而进行的,这个活动就是为了满足人类的衣食住行需要而进行的物质资料生产实践活动,在此基础上形成人与自然的经济价值关系。人类的生产实践活动就是从自然中获得人类需要的物质资料,如粮食、蔬菜、油、肉蛋奶等食品、副食品都是来源于自然界,而这种生产实践活动形式最初是农业,通过种植业和养殖业满足人类基本生活的价值需要。

(三) 人与自然关系经济价值的表现

在原始农业基础上,形成了原始社会;随着农业的发展,特别是铁器的应用,人类从自然中获取的物质财富增多,足以让一部分人占有一部分人的劳动,适应生产力的发展,奴隶社会、封建社会等具有剥削性质的社会形成;近代以来,伴随工业的发展,蒸汽机和电力的使用,生产力迅速提高,人类改造自然的能力和交往能力大大增强,人类获得了丰富的物质财富,资本主义社会以及世界历史形成。但是,资本主义生产的社会化与资本主义私有制之间的矛盾(实质是人与自然的经济价值关系矛盾)是无法克服的,即使是在全球化的今天,资本逻辑仍然无法解决人与自然的经济价值关系矛盾。因此,建立一个人与自然和谐的经济制度是人类社会发展的必然要求。

二、人与自然关系的政治价值

(一) 政治价值

政治价值是指人们对某一事物、活动、现象赋予的政治意义。在世界上,每一个存在物及其相互关系都具有政治价值,都是构成政治的一个要素。人、自然、社会表面看是自然存在物,具有自然的属性,但随着人类社会的发展与进步,到了一定历史发展阶段(人类社会有了一定发展,但发展还不充分的阶段,即人类有阶级的社会)都具有了社会政治属性,在远古时代以及共产主义社会,一切存在物就没有政治价值。在阶级社会结构中,任何自然、社会存在物都归属于某一阶级,或者对某一阶级集团有利或者有害,这种有利有害的政治价值有的是先在的,有的是预设的,有的是虚构的,有的是生成的,但不论是什么情况,都会产生对人类社会的影响。人与自然的关系是人类产生以后就存在的,但其关系的价值是生成的、变化的,其质与量的规定都具有一定的政治考量。

(二) 人与自然关系的政治价值内涵

人与自然关系的政治价值关系是指人类通过改造自然满足人的政治需求的关系,或者说人与自然的关系影响社会的政治需求。人与自然的经济价值关系形成以后,必然形成一定的上层建筑,以适应经济基础和生产力发展的要求,从而促进人与自然的和谐。人与自然关系不仅具有经济价值关系,而且具有政治的意义。伴随人类社会的发展,为了确保人与自然经济价值关系的协调发展,必然自觉建立起一定社会的经济基础,同时建立起维护经济基础的上层建筑,特别是国家政权组织的建立,标志着人与自然的政治价值关系形成。人与自然的政治价值关系就是在上层建筑层面形成的各种有利于协调人与自然关系的要素总和。上层建筑主要是指政治法律思想、道德、艺术、宗教、哲学等观念上层建筑以及与之相适应的政治法律制度、设施、组织等政治上层建筑，不论是观念上层建筑还是政治上层建筑都必须是为了保护其赖以存在的经济基础服务，而经济基础又是占统治地位的生产关系（最核心是人与自然的经济价值关系）的总和，上层建筑的主要内容就是反映人与自然经济价值关系的思想、制度、组织和设施，在不同时代具有不同的内容。在资本主义社会，私人占有生产资料，凭借对自然财富的占有剥削雇佣工人，资本主义上层建筑必然在思想上树立私有产权不可侵犯的观念，为人占有自然奠定思想基础；在制度、组织、设施等方面必然极力保护资本主义私有财产制度，为资本主义提供行为的合法性。在社会主义生态文明新时代，人与自然的关系是决定社会发展最核心、最基础的政治关系，一切思想观点、制度政策、组织行为都必须围绕这一政治关系问题来展开。人与人、人与社会、人与自然的关系必须系统协调统一，人与自然才能和谐有序，否则，腐败严重、贫富悬殊、社会不公等社会政治问题都会影响人与自然的关系。因此，只有强化人与自然的政治价值关系建设，在上层建筑的层面建设人与自然和谐关系，美丽中国、中华民族伟大复兴的中国梦才能早日实现。

三、人与自然关系的文化价值

（一）文化价值

文化价值是指某一客观事物及其属性能够满足人们一定文化需要的满足与被满足的关系。文化具有丰富的内涵，从广义来说，文化包括一切人类创造物，即物质、精神财富的总和，具体体现在物质文化、非物质文化和精神文化等各个层面。从狭义来说，文化是指人类创造的一切社会意识形态，即一切精神产品的总和，包括哲学、宗教、艺术、自然科学、社会科学等方面的知识。文化具有教化人、培育人的重要价值。在人的成长过程中，亲生父母给了我们肉体，文化给了我们灵魂，使我们长大成人。可以说"文化是人的再生父母"。也可以说，文化是人类历史发展中创造的认知和行为规范的总和，文化一旦形成，则影响着人的认知方式、生活习惯和行为模式。"文化是一个国家、一个民族的灵魂。文化兴国运兴,文化强民族强。"① 党的十九大报告明确了文化在国家、民族发展中的重要地位。

(二) 人与自然关系的文化价值含义

人与自然关系的文化价值是指人类通过改造自然满足人的文化需要的关系。人化自然或自然化人不仅在经济、政治方面具有满足人类需要的属性,而且在文化层面也具有这种属性,这主要是人的创造性自然规律性所至。在人与自然关系中,以马克思主义为指导,弘扬国内外人与自然关系精华,在社会主义核心价值观基础上,构建实现人与自然和谐的文化价值观念,分清真与假、善与恶、美与丑、对与错、好与坏等价值观念,将健康的价值理念融入人们的现实生活,深入人心,成为人们认知与行为的精神动力。习近平在党的十九大报告中指出"文化自信是一个国家、一个民族发展中更基本、更深沉、更持久的力量。必须坚持马克思主义,牢固树立共产主义远大理想和中国特色社会主义共同理想,培育和践行社会主义核心价值观,不断增强意识形态领域主导权和话语权,推动中华优秀传统文化创造性转化、创新性发展,继承革命文化,发展社会主义先进文化,不忘本来、吸收外来、面向未来,更好构筑中国精神、中国价值、中国力量,为人民提供精神指引。"② 为人与自然文化价值关系发展指明了方向。马克思主义关于人与自然关系的思想是人与自然文化价值关系的灵魂。习近平生态文明思想是最新马克思主义关于人与自然关系理论,是中华优秀传统文化创造性转化、创新性发展,更是继承了革命文化和发展了的社会主义先进文化,必须把习近平生态文明思想融入"五位一体"总体布局中,成为全国人民创造美好生活的精神动力。另外,自然规律性是人类认知与行为必须遵循的准则,是文化建设的基础和前提条件,是人与自然文化价值关系的核心内容。人的主观性、主体性是文化价值关系的核心,但这不是否定文化价值关系客观性、客体性的依据,相反,人与自然的文化价值关系是以自然规律的客观性、客体性为依托的。可见,在人与自然文化价值关系中,主体性与客体性、主观性与客观性是统一的。

---

① 习近平. 决胜全面建成小康社会 夺取新时代中国特色社会主义伟大胜利——在中国共产党第十九次全国代表大会上的报告 [M]. 北京:人民出版社,2017:50.
② 同①23.

四、人与自然关系的社会价值

(一) 社会价值

社会价值是指某一事物对于社会的意义,即该事物与社会之间的满足与被满足的一种意义关系。如果说某事物能满足社会的需求,则某事物具有社会价值,否则,如果某事物对社会没有意义,不能满足社会需求,则就是无价值的无用之物。当然,这里的"有用"与"无用"不是经济学意义上的考量,而是哲学意义上的价值意蕴。哲学是一种形而上的学问,看似"无用"实则"大用"。在经济学领域,社会价值是指由社会必要劳动时间决定的商品价值,是一个部门所生产的商品的平均价值,这是商品价格的基础。

在市场经济条件下,人们的劳动产品必须通过市场来进行交换,满足社会的需求,私人个别劳动才能转化为社会劳动,产品才能成为商品,实现商品的社会价值。如果劳动产品卖不出去,得不到社会的认可,意味着私人劳动不能满足社会需求,也就不能转化为社会劳动,不能实现商品的社会价值,同时,也意味着个人价值不能实现。

总之,不论是哲学还是经济学意义上的社会价值,都必须是一种满足与被满足的关系,否则,就构不成价值关系。

(二) 人与自然关系的社会价值内涵

人与自然关系的社会价值是指人类通过改造自然满足社会需要的关系。马克思主义认为社会是人与自然关系的结果,没有人与自然的关系也就没有社会,人与自然的关系发展到什么程度,人类社会也就会发展到什么程度。可见,人与自然关系是社会形成的基础,具有重要的价值意义。

从人与自然关系来说,人类社会可以看作是通过追求个人价值、社会价值而形成的全部社会关系的总和,是在一定生产力基础上经济基础和上层建筑的统一。从历史来看,人类社会不是自然而然形成的,而是在人与自然关系基础上形成的,具有一定结构、功能的人类社会形成后,就会在人与自然关系基础上按照一定的社会规律而运动变化发展。马克思和恩格斯在人类历史上第一次科学揭示人类社会的基本结构是:①由人的劳动生产活动形成的人同自然界的关系,实现着社会与自然的物质、能量和信息交换，构成为生产力系统；②在劳动生产活动中形成的人和人的联系，使生产力获得具体的社会形式，构成生产关系体系；③以生产关系为社会的基础而派生出的其他各种社会关系，建立起由政治法律制度和设施以及政治法律观点、各门社会科学、道德、哲学、艺术、宗教等意识形态组成的庞大的上层建筑系统。①

普列汉诺夫、列宁根据马克思、恩格斯的理论对人类社会的结构作了具体的划分，提出了生产力、生产关系、经济基础、上层建筑的社会结构理论体系，并指明了人类社会内在的矛盾运动规律。人类社会是一个复杂的矛盾体系，其中生产力和生产关系的矛盾、经济基础和上层建筑的矛盾是社会的基本矛盾，它在阶级社会中表现为阶级矛盾、阶级斗争。正是通过矛盾的产生与解决，推动人类社会从原始社会、奴隶社会、封建社会、资本主义社会到共产主义社会形态的依次更替。

人类社会是在生产实践活动基础上形成的，从某种意义来说，是人与自然关系矛盾运动的延伸。在原始社会，农业出现以前，人类社会的发展动力主要来自自然界的压迫与威胁，人类的生存是第一大问题；农业产生后，人与土地的关系所决定的奴隶主与奴隶、地主与农民的阶级矛盾成为推动奴隶社会、封建社会发展的直接动力；而工业文明形成后，特别是在资本主义社会，人与自然资源的矛盾所决定的资产阶级与无产阶级的矛盾成为资本主义社会发展的重要动力。可见，人与自然关系的社会价值是人类社会产生、存在与发展的基础。

五、人与自然关系的生态价值

（一）生态价值

生态价值是指生态环境对于人及一切生命来说具有的意义。生态环境是人及其他生命赖以存在的永恒的条件，一切生命不仅产生于自然，而且一切生命的存在、发展所需要的物质能量都来源于生态环境，生态环境如果遭到破坏，则会影响到每一个人及其他生命的健康生存。生态系统具有

---

① 人类社会［EB/OL］．（2022-07-05）［2022-08-12］．https：//baike.so.com/doc/6587718-6801492.html．

生态价值的"公共性"。如果人类的行为破坏了自然环境，就不仅破坏了人类自身的生存环境，也破坏了所有生命的生存环境，不仅侵犯了人类享有生态环境的权利，也侵犯了其他生命健康生存的权利，这就是不公平。"生态价值"包括三个方面的含义：第一，从存在论看，在地球生态系统中，任何生命体都处于一定的生态位中，不仅实现着自身的生存利益，而且也创造着其他生命体的生存条件，可以说任何生命体对其他生命的生存都具有价值；第二，从认识论看，任何生命的存在，对于地球整个生态系统的稳定和平衡都发挥着作用，这是生态价值的客观性、先在性；第三，从实践论看，人类通过改造自然，一方面从自然中获取需要的自然资源，另一方面，通过消费毁灭自然，这是人类生存的自然法则。从根本上说，自然生态系统整体的稳定平衡是人类存在的必要条件，因而对人类的生存具有重要的"生态价值"。

（二）人与自然关系的生态价值的含义

人与自然关系的"生态价值"是指人通过改造自然而满足生态需要的关系，即通过人为因素创造的"第二自然"对生态系统整体所具有的意义。在人类社会高度发展的今天，地球上的多数自然生命及存在物都具有人类的痕迹，在生态系统中，这些"第二自然"都有其存在的生态价值，对于人及自然生命的存在都有不可或缺的作用。

一方面，从存在论看，在生态系统中，人对自然生命的影响可以说无处不在、无时不有，受人类影响的生命都在实现自我的生存与延续，每一个生命同时也创造其他生命的生存条件。正是人与自然万物的共同作用，整个生态系统才生生不息、循环往复，使自然处于稳定平衡状态。这里存在人与自然关系的"生存悖论"，即人及每一个其他自然生命为了自身的存在都要消费其他自然生命或存在物，这是生态系统中自然而然的生命现象，同时，每一个生命的消费行为意味着其他生命或存在物的消亡，这又是破坏生态的行为。如何克服自然的生存悖论、促使生态平衡？最关键的是把人类的行为限制在自然的承载力限度内，减少人类对自然的过度生产和消费，推进绿色发展、循环发展、低碳发展，以确保自然生态系统的自我修复。

另一方面，从实践论看，人通过实践活动来改造自然，获得人类需要的物质资料，自然对于人来说具有价值（经济价值、审美价值、认识价值等）。这种人与自然之间的实践关系所引发的后果，使人获得了生活资料，满足了人的消费需要与欲望，同时也使自然物在人的生产与消费中被彻底毁灭或者改变，失去了其本来的自然属性。所以，人类的行为一定要保持在一定的自然限度范围内。如果人与自然关系是平衡状态，则能够满足生态的可持续发展需要，人化的生态环境有积极正面的生态价值；否则，人与自然关系处于失衡状态，则人化自然对于生态本身来说具有消极负面的价值，可能直接导致生物多样性的消失。

可见，人与自然关系的生态价值是以人和生态双重标准来衡量人与自然关系的。人与自然是生命共同体，人是在一定自然环境条件下生活的，比如清新的空气、明媚的阳光、清澈的河流、多种动植物、绵延的山脉、健康的土壤等地理环境条件是人类赖以生存的必要条件，也是人类社会存在发展的条件，同时，健康美丽的自然环境也是其他生命所需要的，只有其他生命健康，人才能健康，因而，人与自然关系的生态价值对于地球生态来说具有重要意义。

总之，以人与自然关系来阐释人的思想的主观性（意识）与自然存在的客观性（物质）关系，把习近平"人与自然是生命共同体"思想融入其中，确立辩证唯物主义的思维方式，培育尊重自然、顺应自然、保护自然的生态价值观，为生态文明建设在思想上开辟了道路。把人类的认识、实践以及历史建立在坚实的自然基础上，使马克思主义辩证唯物主义、历史唯物主义有了自然科学的基础，增强了马克思主义的生命力。但历史的进程并非按照人类预先设计的逻辑进行，人与自然关系的形成更不是黑格尔的"绝对精神"，或者"狡诈的理性"作怪的结果，只能是人类选择的结果。历史的发展不仅是逻辑与非逻辑、理性与非理性碰撞的结果，更是人民群众实践创造的结果。马克思主义在剖析了人与自然的应然关系基础上，进一步通过异化理论分析批判了人与自然的实然关系，阐明了资本主义制度对人与自然的危害性，表达了马克思主义反对资本主义私有制的立场。

第六讲　人与自然的"金山银山"关系

通过对习近平"两山理论"的学习，进一步掌握马克思主义的劳动价值论和剩余价值论，从而深刻把握资本主义发展规律，显现马克思主义关于人与自然异化了的实然关系。"两山理论"丰富发展了马克思主义的劳动价值论和剩余价值理论，为正确处理人与自然的关系指明了方向。

一、人与自然关系的异化

(一) 人与自然异化关系的批判

资本主义是古希腊文明（理性文明）与希伯来文明（信仰文明）演化而来的社会发展形态，从自由资本主义、私人垄断资本主义、国家垄断资本主义到今天的全球化资本主义，资本主义制度通过对人的剥削来占有自然，同时又通过对自然的占有来剥削人，正是这种人与自然的私有制关系，造成了人吃人的社会以及一系列社会不公现象。马克思主义通过抽象资本主义最普遍的商品现象，揭示这种人从自然中创造的产品成为具有客观自律性质的商品来压迫人、奴役人的异化状况。在理论逻辑上具体再现了资本主义制度，一方面资本主义促进了生产力发展和人类的进步，另一方面资本主义又是人类文明发展的"卡夫丁峡谷"阶段，给自然、社会、人带来了无穷的灾难。资本主义制度导致了人对自然财富的贪得无厌以及人与自然关系的危机，资本主义必然灭亡、社会主义必然胜利是历史发展的必然规律。

马克思主义关于人与自然的关系思想，表达了西方文明的"天人相分"理性自由主义思想，同时，又融入了具有东方文明"天人合一"情理相融的生命主义思想（人与自然是生命共同体），为马克思主义关于人与自然关系的思想增添了生命力,使之达到一个理论新高度。然而,在经济全球化的今天,资本和科学技术加速了人类现代化进程,一方面为人类创造了丰富的物质财富,另一方面,造成了人与自然关系的危机。我们今天所处的时代仍然是从资本主义向社会主义过渡的时代,马克思主义产生以来,不同时代的马克思主义者对人与自然的实然关系作了历史的分析批判。

(二)人与自然异化关系的发展

马克思在早期著作《1844年经济学哲学手稿》中提出了异化劳动理论,主要内容包括以下四个方面:劳动者的劳动同他的劳动产品相异化,劳动者和他的劳动活动相异化,劳动者与他的类本质相异化,人同人相异化。马克思的劳动异化理论深刻揭示了资本主义社会的异化问题,其实质是揭示了资本主义条件下人与自然异化了的实然关系。在马克思的视野里,劳动不过是改造自然的活动,是一种自由自觉的人与自然的对象性活动,是为了满足自身生存的需要能动地改造探索自然的现实的感性的活动。这里的人绝不是一般的抽象的人,而是处在资本主义社会关系中现实的无产阶级。无产阶级生产的商品,不论是农副产品,还是工业产品都来源于自然界。这些用来交换的商品都是通过人杀死的自然,从某种意义上说商品是"自然的尸体"。生产的商品越多,压迫无产阶级的力量就越大,对自然的破坏越大。

在《德意志意识形态》中,马克思进一步揭示了作为资本主义社会异化的重要原因"私有制"。异化绝不是永恒存在的现象,而是一定生产关系条件下的社会历史现象,异化必将随着这种生产关系的产生而产生、发展而发展、消亡而消亡。在《经济学手稿(1857—1858)》和《资本论》中,马克思深入资本主义社会的底层,运用历史唯物主义的方法分析资本主义生产关系来阐明异化问题。他在这些著作中扬弃了社会契约论和黑格尔异化理论的唯心主义成分,认为商品的交换不过是简单的商品关系,商品意识的外化则是以货币形式表现的资本主义社会关系的物化,把理论家颠倒的世界颠倒过来,真正用辩证唯物主义思想来审视世界。异化的现实表明人通过劳动所创造的整个世界都变成了自律的、异己的、压迫人的东西。马克思的劳动异化理论表面上分析的是劳动、人、商品的异化的关系,揭示了在资本主义制度下,由于生产资料私有制的存在,人们的欲望无限制扩大，导致人们贪婪地去占有自然、剥削他人，"贪婪以及贪婪者之间的战争即竞争，是国民经济学家所推动的仅有的车轮。"① 实质是揭示人与自然的异化关系。要消灭人与自然异化关系，必须根除资本主义私有制，才能从根本上解放自然、解放人类。马克思在《共产党宣言》中进一步指出"共产党人可以把自己的理论概括为一句话：消灭私有制"。② 就是要消灭资本主义私有制，只有消灭资本主义私有制，才能从根本上改变人与自然的异化关系。"共产主义的特征并不是要废除一般的所有制，而是要废除资产阶级的所有制。"③

（三）人与自然异化的资本主义关系

马克思、恩格斯深刻分析了资本主义条件下的商品经济运行规律，如价值规律、剩余价值规律等，马克思的价值规律阐明商品的价值量由生产商品的社会必要劳动时间决定，商品交换要以价值量为基础，实行等价交换。"看不见的手"表明，商品的使用价值作为商品的自然属性，是商品交换的物质载体，是具体劳动的结果；而商品交换的依据是生产商品的社会必要劳动时间决定的商品价值量这一社会属性，而货币作为商品的一般等价物，则作为社会财富在市场流通，或者作为社会财富储存起来。表明社会财富不是单纯来源于自然或者人、社会，而是在处理人与自然关系的劳动过程中创造的，是人的体力和脑力的凝结。超越了旧国民经济学家关于财富仅来源于自然的片面观点，认识到抽象劳动创造商品价值，弥补了劳动创造价值的缺陷。私人劳动之所以能够转化为社会劳动，不仅商品具有自然属性，而且具有社会属性，既能满足消费者的需求，也能满足生产者的需求，两全其美。但在资本主义生产条件下，这种生产往往被打破而不能再生产。工人劳动一天获得一天的工资，那么，社会财富又是从哪里来的呢？又是如何分配的呢？资本主义生产方式剥削的秘密在哪里呢？马克思的剩余价值规律揭示了资本主义生产的秘密。

马克思经过对资本主义生产的分析批判，发现了剩余价值规律，揭示

---

① 马克思.1844年经济学哲学手稿［M］.中央编译局，编译.北京：人民出版社，2018：46.
② 马克思，恩格斯.共产党宣言［M］//马克思，恩格斯.马克思恩格斯选集：第1卷.北京：人民出版社，2012：414.
③ 同②.

了资本主义剥削的秘密。劳动力成为商品，货币变成资本。资产阶级通过原始积累，获得人剥削人的资本，通过不变资本和可变资本来占有他人的劳动，获得工人剩余劳动创造的绝对或者相对剩余价值；通过资本积累，改进生产技术，提高劳动生产率，扩大生产规模，资本有机构成提高，提高对雇佣劳动者的剥削程度以剩余价值率 $m'=m/v$，或者 $m'=$ 剩余劳动/必要劳动＝剩余劳动时间/必要劳动时间来表示。在资本主义经济制度条件下，在雇佣劳动的过程中，造成了人与人的不公平、不平等，在这样的条件下，必然造成人与自然的关系不和谐，而不和谐的人与自然的关系，反过来必然造成资本主义生产的不可持续，导致资本主义社会化大生产与私人占有制之间的矛盾，造成资本主义经济危机的爆发。

不论是简单商品经济条件下私人劳动与社会劳动的矛盾，还是在发达商品经济条件下资本主义私有制与社会化大生产之间的矛盾，都是不可克服的矛盾。一方面，这些基本矛盾的激化最终导致人与自然关系的危机；另一方面，人与自然关系的危机加剧了私人劳动与社会劳动、资本主义私有制与社会化大生产之间的矛盾。在矛盾与危机的交织中，人与自然的关系不同程度的异化，这是人与自然的实然关系。

不论是简单的商品经济，还是发达的商品经济，马克思分析的商品及其运动规律，表面上劳动产品通过市场的买卖，从工厂运出的产品，到市场通过交换就成了商品，商品从生产者手中转移到消费者手里，从一个地区转移到另一个地区；充当一般等价物的货币，通过市场从消费者手里转移到所有者手里，这种按照"看不见的手"价值规律周而复始的商品、资本循环与周转，虽然是人（所有者、生产者、消费者）创造的物，它属于人，并为人造福。但它又不是物，是人类社会关系，在一定社会条件下，成为自律的客观存在，成为压迫人的物质力量。人创造的具有一定运动规律的堆满商品、金钱的物的世界诞生了。这个世界不是造福于人，而是压迫人、奴役人，这就是市场经济条件下人与自然异化的世界。在这个异化的世界里，"潘多拉的魔盒"打开了，不论是商品所有者、生产者，还是消费者，人们的欲望都达到极致，为了满足自己的私欲，不惜一切手段，特别是近代工业革命以来，在科学技术迅猛发展的态势下，不论是早期的资本主义国家，还是后起的帝国主义国家，动用"上帝的魔杖"，把资本、科学技术应用于侵略战争、掠夺自然资源，而科学技术、资本助纣为虐，这样人取代上帝，征服自然、掠夺世界，人无所不能，成为世界的主人。马克思主义笔下的人不是人，而是获取金钱利益的机器，人成了资本的化身和符号，实质上人成了没有灵魂的物品。

在商品经济条件下，人们为了实现自我利益最大化，为了获得更多的利润，也就是为了赚钱，通过商品经济规律、政府、军事力量，可以暴力掠夺土地，可以杀人放火，对内横征暴敛，对外发动战争，烧杀掳掠、无恶不作，犯下滔天罪行，永远钉在历史的耻辱柱上，成为人类文明发展抹不去的阴影。这就是富人的发家史、穷人的血泪史。当然，不论是富人还是穷人，为了生活，都必须劳动，不过，富人是通过剥削来生活，穷人是通过劳动来生存。不论是富人，还是穷人，为了增值增效的资本逻辑，可以为资本献身，甘愿成为资本的奴仆。资本作为人类经济活动的一个要素、一个工具性手段，超越经济界限到达人类道德灵魂深处，成为人们为之生为之死的崇拜物，这就是资本拜物教。正像马克思所言的商品拜物教一样，商品、资本成为决定人的命运、价值的神一般的存在。在这样的异化状态下，乾坤颠倒，工具手段成为目的，人生的意义与价值成为对金钱多少的占有，有了金钱就有了一切。在这种状态下，自然以及他者都成了满足人类私欲的工具和手段，在金灿灿的黄金、白花花的白银面前，人的生命以及其他自然生命都成了为获取金钱的手段，甚至成为无辜的牺牲品。无产者、穷人为了生存，通过劳动力市场被迫去劳动，他生产的商品越多，压迫他的力量越大，越不自由。整个世界按照资本运动规律来主导，人世间上演了多少历史的滑稽剧。

商品经济表面看是属于不同主体的物与金钱的交换经济，实际上，任何商品都是人类劳动创造的有价值的产品，而任何产品本身都是直接或者间接来自自然界。例如，不论是农业生产的农副产品，还是工业生产的加工品，都是自然物品，都是为人服务的，为了满足从脚到头的各个感官器官的肉体的人的物质需要，并且，人为制造了不同层次、不同价位的市场需求，这种颠倒的市场需求不是以人的需求为标准，而是以资本为标准。凡是价位高的、能够获得巨额利润的商品就是好的，只有权贵和富人才能享受；否则，利润薄、廉价的商品就是不好的，只有平民百姓、低贱的人享有。这种人为地把人和商品分为三六九等的文化，造成人与人的攀比心理，导致异化消费，通过占有、享受多与好的商品来填补人类灵魂的空虚，造成对自然的破坏。目前风靡全球的有机食品，只是有钱人的消费品，平民百姓没有多余的钱去享受。为什么会造成这样的局面？

实际上，中国几千年的农耕文明，上至皇帝，下至百姓，消费的食品都是有机食品。为什么在高度发达的社会，只有少部分有钱人才能消费有机食品，而大多数人只能消费工业化的食品？这是历史的进步还是历史的倒退呢？马克思主义深刻批判了资本主义生产方式下的农业生产。农业是生产食品的良心产业，只有端正生产目的，才能生产让人放心的食品。否则，以资本逻辑来进行农业生产，不论是种植业还是养殖业，都会追求产量与效益，其结果只能导致农业性质的改变。这样生产的农副产品，不论从品质还是营养等许多方面，都会大大降低其在生态链中的价值，造成对人的健康危害以及对自然生态的破坏。马克思的经济危机理论、物质循环断裂理论非常形象地表达了资本主义生产方式对自然的破坏性。

二、资本主义经济危机理论

（一）资本主义经济危机的根源

马克思在《资本论》中详细分析了商品经济规律以及资本主义社会的内在矛盾，特别是在发达资本主义商品经济条件下，劳动力成为商品，货币成为资本条件下，商品经济内在矛盾及其规律。当然，不论是简单商品经济，还是发达的商品经济；不论是单个资本的循环和周转，还是社会总资本的循环周转，从原材料的购买、生产、交换、消费各个生产流通环节，不论是实物替换，还是价值补偿，都存在着私人劳动与社会劳动的矛盾，特别是在发达商品经济条件下，资本主义私有制与社会化大生产之间的矛盾，由于这些矛盾的存在，必然造成商品经济困难重重，从而导致经济危机，而经济危机从某种意义上来说是人与自然关系的危机。

马克思认为在社会生产力低下条件下，不具有供给和需求严重脱节的可能性，即不具有经济危机发生的条件，但在工业革命以后，特别是伴随科学技术的发展，人类开发自然的能力大大增强，在资本主义制度驱动下，自然只是资本家获得利润的对象和手段，为了资本的增值增效，疯狂开发、掠夺自然资源,将自然看成了"金山银山",在这样的动机驱动下,过度制造商品以满足人们异化的消费,达到资本增值的目的。当人类过度开发利用自然并且超过了地球承载力时,生态危机不可避免。

马克思认为在社会生产力高度发达条件下,资本有机构成提高,从而造成相对人口过剩、失业人数增加,社会财富分配不公,资本家集团按照投入资本的多少来瓜分剩余价值,"资本家阶级的各个成员把这全部剩余价值在他们自己中间进行分配,但不是按照他们所使用的工人的人数,而是按照各人所投的资本的量进行分配;而且把土地也作为资本价值计算在内。"① 而工人只是获得劳动力的价值即工资,造成贫富悬殊。由此,必然造成劳动人民有支付能力需求的相对缩小,而资本主义生产出来的商品堆积如山、供过于求,产生商品生产与消费需求的矛盾,导致经济危机的出现,"一切现实的危机的最终原因始终是:群众的贫困和群众的消费受到限制,而与此相对立,资本主义生产却竭力发展生产力,好像只有社会的绝对的消费能力才是生产力发展的界限"。② 经济危机引发马克思主义多层面的深思。

(二) 资本主义经济危机的实质

从现象与本质的关系看,经济危机是商品流通领域供求矛盾的直接表现,是生产的相对过剩,是人的自然消费能力不足的表现。马克思的政治经济学并没有停留在经济现象,而是深入资本主义经济关系和经济制度中探寻经济危机的实质以及造成经济危机的深层社会根源。马克思认为经济危机表面看是经济的危机,其根本原因在于私有制,造成人与人、人与社会关系矛盾重重,从而导致系列危机。实际上,系列危机的基础、前提条件和实质在于人与自然关系的危机。在简单商品经济下,生产商品的社会劳动和私人劳动之间的矛盾是简单商品经济的基本矛盾,它决定了简单商品经济的性质及其交换规律,这个基本矛盾能否解决直接决定简单商品经济劳动者的命运。这里的关键是商品能否卖出去,私人劳动能否转化为社会劳动,即被社会消费者认可,商品的价值、劳动者的劳动价值得以实现。

---

① 马克思. 资本论:第3卷 [M]. 北京:人民出版社,2004:13.
② 马克思. 货币资本与现实资本 I [M] //马克思,恩格斯. 马克思恩格斯选集:第2卷. 北京:人民出版社,2004:586.

在发达商品经济即资本主义条件下，生产社会化和生产资料私人占有之间的矛盾是发达商品经济的基本矛盾，这一矛盾决定了发达商品经济的本质和规律。资本主义生产过剩的经济危机表面看是"物质循环断裂"，商品卖不出去，或者原材料买不进来，或者资金链条断裂。

从存在论看，自然条件是人类从事一切社会活动的基础，经济危机的实质是人与自然矛盾的社会化显现，即人与自然的矛盾通过商品经济内在矛盾即生产社会化和生产资料私人占有之间的矛盾表现出来，反过来说，从认识论看，人类中心主义告诉我们，人在自然面前不是无能为力的，人的能动性能够超越自然的限制来利用和改造自然，从这个意义上说，人与自然的矛盾是商品经济内在矛盾即生产社会化和生产资料私人占有之间的矛盾的表现。经济危机问题正像一个巴掌的正反面一样都是巴掌的重要组成，人、自然、社会是一个整体系统，不可能把它们分开。除此之外，在资本主义具体的货币制度、银行制度、汇兑制度、信用制度等方面，都为市场交换、矛盾的激化、危机的现实化提供了现实的制度条件。在某种意义上说，这些微观经济制度对经济危机起了推波助澜的作用。社会劳动和私人劳动矛盾、生产社会化和生产资料资本主义私人占有之间的矛盾揭示了人与自然关系的社会属性。马克思用公有制和私有制两种所有制形式来表达人与自然的社会关系，这些关系都是历史发展的必然产物。原始社会的公有制经过奴隶社会、封建社会和资本主义社会的私有制，再发展到共产主义社会的公有制，这是人类社会发展的一般规律。在资本主义走向共产主义的过程中，有一个无产阶级专政的过渡阶段，列宁等后来的马克思主义者将这一过渡阶段称为社会主义社会。在社会主义社会既有旧社会留下的痕迹又有新社会的萌芽，用社会制度、社会形态深刻表达了马克思主义关于人与自然关系的思想。

从生产看，以资本主义商品经济制度为基础的剩余价值规律（赚钱的规律）为资本主义大工业能力的提升提供了强大的外在动力，或者说，剩余价值规律是使人的欲望无限制增大的规律。在这样的制度设计下，不论是谁，只要投资，就想获利，不想赔本，这是人之常情。也就是说，每一位投资者都会不惜一切手段，扩大生产规模，开发利用自然资源，为资本获利服务，而不是为人民服务。金钱的魅力超越了一切界限，天马行空，可以穿越经济领域,到达政治、文化、社会、生态的各个领域,成了左右人的灵魂的"上帝",这一强大的驱动力量,在科学技术的助力下,极大促进了人类社会的现代化进程,但也非常遗憾的是造成了人与自然的危机。在经济全球化的现时代,以私有产权为基础的工厂、股份制公司以及跨国公司等经济组织形式为生产能力的扩展、资本的扩张提供了多元的微观制度。从20世纪80年代开始的新自由主义,为全球态势下社会生产的盲目发展提供了"自由宽松"的世界外部环境。资本趋利的本性打破了一切壁垒,全世界的自然都成了资本的盛宴,生产的全球化导致世界经济的一体化和自然要素的全球化。面对人类生产能力的提升,自然成为世界消费的自然。人类只有一个地球,面对生态危机,人类必须遵循自然规律,约束自己的行为,构建人类命运共同体,人类才会有美好的明天。

从消费看,社会劳动产品分配原则对劳动者的消费具有决定性的作用。马克思认为,正是资本主义的生产资料私有制决定了资本主义分配原则是按照资本家投资的多少来分配,劳动者是以工资的形式获得部分劳动力价值,而劳动力创造的另一部分价值即剩余价值被资本家阶级隐蔽地剥夺了,这种对抗性的剥削与被剥削的分配制度,决定了劳动者的消费以及需求只能局限于狭小的界限之内,仅仅是为了生存的需要而进行消费,这时,人的自然身体面临营养不良的煎熬与考验。但是,20世纪发生了历史性转折,在发达资本主义国家,高投入、高产出的工业文明生产方式使社会物质财富极大丰富,在消费领域,劳动者获得了前所未有的满足,在过去只有富人才能享受的高端消费(如高档轿车、别墅、旅游等),现在却大众化、普遍化了,并且普通大众以高端消费为价值追求,从而实现自己的幸福感、成就感,这就是生态马克思主义者所批判的异化消费,这种消费导致大量的自然资源浪费,当自然不能源源不断给人类消费提供资源的时候,生态危机爆发。可见,不论是在自由资本主义发展阶段,还是在发达资本主义现阶段,商品生产、交换和消费领域的具体矛盾是由资本主义社会经济制度所决定,而这些具体的经济制度又根源于资本主义的生产资料私有制,或者说是由资本主义私有制决定的。因此,马克思认为,资本主义基本矛盾是爆发生产过剩经济危机以及人与自然关系危机的根本原因。或者说,从社会视角看,人与自然的危机是资本主义社会基本矛盾的表现和结果。

马克思的新陈代谢断裂理论非常形象地表达了人与自然关系危机及其根源。

三、新陈代谢断裂理论

(一) 新陈代谢断裂

马克思借用19世纪德国化学家李比希的新陈代谢循环理论,分析指出资本主义农业是一种"掠夺式"农业,在此基础上,提出新陈代谢断裂理论。"在资本主义条件下,资本主义生产方式不仅是人剥削人的方式,也是一种掠夺自然的方式,在这一生产方式下进行生产,社会再生产的条件必然遭到破坏,导致资本主义的经济危机以及整个世界新陈代谢关系的全面断裂。"① 马克思的新陈代谢断裂理论指出资本主义条件下人与自然以及社会内部新陈代谢关系断裂的五种状况:人与自然关系的断裂、富人与穷人之间关系的断裂、劳动者自身肉体的物质循环断裂、社会有机体新陈代谢关系的断裂、国家之间物质循环关系的断裂。天地人通过生命物质循环构成生生不息的新陈代谢循环关系,如果某一环节遭到破坏,则会造成整个生态循环圈的破坏。而造成人与自然新陈代谢断裂的根本原因在于资本主义私有制,破解新陈代谢断裂的方法在于用马克思主义的实践唯物主义思想,特别是习近平人与自然是生命共同体思想超越人与自然的对立观念,限制资本逻辑,废除资本主义生产方式,培养爱自然的情感。"只有在思想、制度、情感等人性维度上协同努力,才能真正解决人与自然的矛盾,生态文明建设才是可能的。"②

(二) 新陈代谢断裂的分析

马克思的新陈代谢断裂理论告诉我们,资本主义生产方式是一种掠夺式的不可持续的生存方式,这种制度的根本问题,在于鼓励人们为了"金山银山",可以不择手段掠夺、占有、征服"绿水青山",把"绿水青山"作为财富的重要源泉。在这样的制度设计下,人与自然关系的断裂是必然结果,每一个人的命运都逃脱不了资本的魔咒,常言道"人为财死,鸟为食亡"。实际上,人与自然、人与社会、人与人关系循环运动本来是遵循自

---

① 苏百义,林美卿.马克思的新陈代谢断裂理论——人与自然关系的反思[J].教学与研究,2007(6):28.
② 同①27.

然法则、自然而然的过程，但现实的制度导致人们行为的非法性，造成人与自然新陈代谢关系的断裂，人一旦脱离了自然，意味着人以及自然万物走向死亡。弥补新陈代谢断裂的可能性在哪里？马克思告诉我们只有消灭资本主义、实现共产主义，才能真正实现人与自然的和谐。

四、"两山理论"

在走向共产主义的道路上，在经济全球化的今天，习近平提出的"两山理论"对如何超越人与自然关系的悖论具有重要价值。2005年8月15日，时任中共浙江省委书记的习近平到浙江省安吉县天荒坪镇余村考察时，了解了余村关停污染环境的矿山、靠发展生态旅游借景发财、实现了"景美、户富、人和"的典型案例，并于2005年8月24日在《浙江日报》发表《绿水青山也是金山银山》一文，鲜明提出："我们追求人与自然的和谐，经济与社会的和谐，通俗地讲，就是既要绿水青山，又要金山银山。"① 如果能够把生态环境优势转化为经济优势，那么绿水青山也就变成了金山银山。"两山理论"的成熟和完整的表述则是在2013年9月7日习近平总书记在哈萨克斯坦纳扎尔巴耶夫大学演讲结束后回答学生提问时提出的"建设生态文明是关系人民福祉、关系民族未来的大计。我们既要绿水青山，也要金山银山。宁要绿水青山，不要金山银山，而且绿水青山就是金山银山。"②

（一）"既要绿水青山，也要金山银山"

发展经济获得金山银山是第一要务，但前提是确保"绿水青山"，不能以牺牲自然环境为代价获得金山银山。在全球化背景下，"丛林法则"主导世界，一个国家、民族要屹立于世界之林，必须发展，"发展是硬道理"。只有发展，国家才能富强，人民才能过上"好日子"，社会才能稳定和谐；否则，不发展，落后就要挨打，"贫穷不是社会主义"，人民就会"日不聊生"，民族复兴只能是梦想。但是，发展不是破坏生态环境的理由，我们讲的发展不是传统的粗放式发展，更不是"先污染、后治理"的发展，而是

---

① 习近平. 绿水青山也是金山银山 [N]. 浙江日报, 2005-8-24: 1.
② 中共中央宣传部. 习近平总书记系列重要讲话读本 [M]. 北京：学习出版社、人民出版社，2014：120.

以新发展理念引领高质量发展。在发展问题上,即在处理人与自然关系问题上,既要发展经济,又要保护生态环境,"既要绿水青山,也要金山银山",要把握一个度的问题。

(二)"宁要绿水青山,不要金山银山"

当经济发展与生态环境发生不相容的矛盾时,特别是危害到自然生命以及人体健康时,明智的选择是"宁要绿水青山不要金山银山"。第二次世界大战以来,伴随第三次、第四次工业技术革命的浪潮,人类充分利用物联网、大数据、机器人及人工智能等现代科学技术,创造了丰富的物质财富,极大满足了人类的物质需求,同时,引发全球性的生态危机。生态危机造成自然报复人类,冠状病毒以及各种疾病暴发,严重危害到人类的生命健康安全。面对生态灾难,人类要健康生活,在发展问题上,"宁要绿水青山,不要金山银山"。

(三)"绿水青山就是金山银山"

"绿水青山就是金山银山"不仅说自然生态环境就是财富,表明自然环境的经济价值,而且从哲学意义来说,这句话开启了人们对自然环境深层价值的思考,引导人们关注自然、爱护自然。"绿水青山既是自然财富、生态财富,又是社会财富、经济财富。"[①] 当生态环境遭到破坏,严重危害人类健康时,人们深刻意识到生活的意义与价值。人来到世界不是为钱而来,而是在"绿水青山"美好环境条件下健健康康地生活才能幸福;否则,用再多的钱也买不来"绿水青山"和健康,生态环境以及人的身体健康是不可逆的,一旦遭到损害,难以恢复。因此,从深层意义上来说,"绿水青山就是金山银山"。

"两山理论"为现实的人们超越资本逻辑、保护生态环境以及协调人与自然的关系指明了方向。"建设生态文明是中华民族永续发展的千年大计。必须树立和践行绿水青山就是金山银山的理念……形成绿色发展方式和生活方式,坚定走生产发展、生活富裕、生态良好的文明发展道路,建设美丽中国,为人民创造良好生产生活环境,为全球生态安全做出贡献。"[②] "两

---

① 习近平. 习近平谈治国理政:第3卷 [M]. 北京:人民出版社,2020:361.
② 习近平. 决胜全面建成小康社会 夺取新时代中国特色社会主义伟大胜利——在中国共产党第十九次全国代表大会上的报告 [M]. 北京:人民出版社,2017:23-24.

山理论"说明"绿水青山"是人通过劳动改造过的"第二自然",是人与自然关系和谐的表现,更是人、社会和谐的折射。"绿水青山"包含着人类的汗水和智慧,不仅是具体劳动的结晶,更是抽象劳动创造的价值成果,对于满足人类美好环境的需求以及人的健康具有重要价值意义,可以说,绿水青山就是金山银山,或者说胜过金山银山。即使金山银山也难以买到绿水青山。习近平的"两山理论"丰富发展了马克思的劳动价值论和剩余价值理论,一方面超越了阶级立场,从整个人类的立场出发来看待人与自然的关系;另一方面,劳动作为处理人与自然关系的对象性活动,不仅仅是一种创造经济价值的活动,而且具有审美和健康的价值,拓宽了马克思的剩余价值理论。总之,"两山理论"对于丰富发展马克思主义关于人与自然的关系思想具有重要的意义。

第七讲　国外马克思主义对人与自然关系的批判

通过学习国外马克思主义对人与自然关系的批判理论，全面把握国外马克思主义理论家从马克思的异化理论出发，深刻分析各个历史阶段资本主义社会的经济、政治、道德、心理、科学、技术、文艺、生产、消费等整个社会文化生活领域的人与自然的异化问题，在此基础上，掌握克服异化、实现人与自然解放的路径。

一、早期国外马克思主义关于人与自然的思想分析

（一）卢卡奇的物化理论

早期国外马克思主义者卢卡奇以物化理论表明人的异化状态。在这种状态下，人麻木不仁，被外在的物所左右而成为物，并且浑然不觉。这种异化的现实已经内化到人的意识领域，被人默认并且不想也无法超越的困境，人的主体地位消失了，整个社会支离破碎，失去了其应有的整体性，主体与客体即人与自然也必然失去了其应有的对象性关系。卢卡奇试图通过主客体辩证法（人与自然的辩证关系）的生成来克服这种异化状态，实现人与自然的和谐。卢卡奇认为恩格斯忽略了人与自然的历史性的辩证关系，而不仅仅是自然的客观的普遍联系和运动发展，主客体（人与自然）是在历史实践中不断生成的辩证关系。卢卡奇想通过人的主体的生成来克服物化世界的困扰，实现人与自然以及社会的有机整体辩证关系，以期获得人的自由与解放。"主体对一定的相关的自然关联的认识越恰当，

主体在相关的物质世界中活动的自由就越大。"① 他强调了人的主体性在劳动和自由中的作用，抓住了人与自然关系的根本，但人是社会中的人，自然是社会中的自然，离开了现实社会，不去关注社会关系和现实中的人与自然，仅仅通过唤醒人的思想觉醒，或者道德自觉，显然不能解决人与自然关系问题。要想克服物化，必须通过外在的社会制度、文化等现存的客观存在的改变，解除物化的根源，人的觉醒才是可能的，"观念的东西不外是移入人的头脑并在人的头脑中改造过的物质的东西。"② 人与自然才能恢复自然的关系，而不是像黑格尔认为现实事物只是思维过程的外部表现的那样。

（二）葛兰西关于人与自然关系的思想

西方早期马克思主义者葛兰西和布洛赫延续了卢卡奇的研究范式，并结合当时的时代语境，形成了独具自身特色的关于人与自然关系的分析体系。他们通过回溯德国古典哲学，试图唤醒和恢复马克思主义哲学的价值和地位，在主客体辩证统一中合理地建构起人的主体性，重塑人的价值主体性，"人就并不是因为他自身是自然界的组成部分而进入同自然界的关系中，而是能动地，依靠劳动和技术而进入同自然界的关系中。"③ 批判以近代理性主义和自然科学为核心的第二国际的马克思主义，强调辩证法实质是一种革命的理论，是立足于人的实践活动的方法论。葛兰西在《狱中札记》中用实践哲学的术语替代马克思主义哲学，不仅是为了躲避法西斯的抽检，还是对马克思主义哲学的实质性阐释。他批判对外在物质世界抽象客观性的阐释，认为其排斥了主体的实践创造性，人成为一种被动的自然存在物，强调只有从人的实践和认识出发，才能揭示存在的客观性。他引入物质和自然的概念，指出社会历史以物质的自然界为基础，由人的生存实践所构成的统一性领域，并在此基础上提出了人化自然观和历史自然观的论述。葛兰西与卢卡奇的总体性辩证法是一脉相承的关系，强调实践哲学的辩证法是关于主客体、人与自然的辩证法。与卢卡奇不同，葛兰西将

---

① 捷尔吉·卢卡奇. 劳动中的主客体关系及其结果 [M] //李鹏程, 编. 卢卡奇文选. 北京: 人民出版社, 2008: 284.
② 马克思. 第二版跋 [M] //马克思. 资本论: 第1卷. 北京: 人民出版社, 2004: 22.
③ 葛兰西. 实践哲学 [M]. 徐崇温, 译. 重庆: 重庆出版社, 1990: 39.

自然置于人类历史之下，认为只有在人的实践作用下，物质自然界才是有意义的，试图在实践的基础上将人与自然界统一于社会历史中。葛兰西认为人类本身是自然的一部分，人类无法轻易进入同自然的关系中，但可以通过工作和技术达到同自然关系（影响、作用）的目的。

（三）布洛赫的"希望哲学"

布洛赫提出"希望哲学"的观点，强调马克思主义是具体的乌托邦，是关于人存在的真理，试图在主体和客体、人与自然的辩证统一中建构人的主体性。他强调人与自然的统一，而人与自然的全面统一则标志着无产阶级实现从"客观到主观"向"必然性到自由性"的转变。他从乌托邦的视域出发，提出乌托邦是对未来社会的美好的希望与愿景，人是一种自然的乌托邦的客体。他在此基础上构建了"希望的原理"。从意识形态视角切入，探究人与自然之间的辩证关系，"'希望'作为宇宙发展和人类社会发展的内在动力，在人与自然、人与社会的相互作用中把一切都组织为一个整体或'总体'，使之奔向理想的目的地。"[①] 他强调人与自然是相互作用的主体，人是自然的主体，自然是不被支配、剥削的具有自身固体属性的主体，自然是自我创造和生产的自然。他提出人与自然中介的"同盟技术"，认为只有在这种同盟技术下，才能突破人与自然主客二分的藩篱，改变资本主义社会的生产方式，重塑人与自然和谐共生的新局面，将乌托邦成为真正意义上的可能，最终实现马克思意义上的"人的自然化"和"自然的人化"。

二、法兰克福学派对人与自然关系的批判

（一）启蒙辩证法

法兰克福学派霍克海默、阿尔多诺在《启蒙辩证法》中，深刻揭示了17—18世纪反封建、反教会的欧洲启蒙运动的实质，就是人的个体化和社会运行的理性化进程，标志着现代化以及理性统治世界的开启，其结果是改变了人的认知方式、行为方式和社会组织运行方式，深刻改变了人与自然的关系，以理性和技术为核心的启蒙运动确立了人在自然中的无限统治

---

① 布洛赫.希望的原理：第1卷[M].梦海，译.上海：上海译文出版社，2012：15.

权。通过征服统治自然，增强人的本质力量，确定人的价值，实现人的自由与解放，但启蒙走向了启蒙的"自我毁灭"，在理性统治的世界中，"人类不是进入真正合乎人性的状况，而是堕落到一种新的野蛮状态。"[1] 其结果并没有使人成为自然的主人，相反人与自然的关系遭到破坏，人类遭受自然的报复。

（二）"单向度的人"

马尔库塞在《单向度的人》中深刻表达了在西方发达工业社会条件下，"单面社会""单面思想""单面人"的异化状态。西方社会通过制造"虚假的需求"来实现资本主义制度条件下的高生产、高消费，达到个人与社会制度"一体化"要求，从而使资本主义制度延续下去。"统治者所能提供的消费品越多，下层人民对各种占统治地位的官僚们的依附，也就越牢固"[2]，在这样病态的单向度的社会约束下，为了满足"虚假的需求"，为生产而生产、为消费而消费，不是为了满足人的需要而生产，而是为了满足生产而需要，生产与需要的关系颠倒了，人拜倒在物的脚下，失去了灵魂而不能自拔。这种病态的社会、人以及制度必然造成人对自然的破坏。马尔库塞认为科学技术增强了人改造自然的能力，切断了人与自然的天然的联系，人成了没有自然根基的存在物。在现实资本主义社会中，统治者通过控制自然来控制人、奴役人，达到统治的目的，解放自然实质就是一种政治斗争，通过"自然革命新理论"来解放自然，建立人与自然的伙伴新关系，这是人类总体解放的重要组成部分。但在单向度的社会如何实现自然的解放？对于马尔库塞来说是一个未解之谜，也是一个无法实现的梦想。

（三）科技主义

弗洛姆认为资本主义条件下技术的理性统治，会形成对人和自然全面统治的极权主义即科技主义，如冷战中的核技术。在资本主义社会，技术的发展促使资本主义的生产和分配突破社会纯工具的藩篱，并被纳入社会政治体系之中，不仅使资本主义社会成为一个以科学技术为统治工具的极权统治体系，而且还会引发核战争的危险。哈贝马斯认为资本主义社会下

---

[1] 马克斯·霍克海默，特奥多·威·阿尔多诺. 启蒙辩证法 [M]. 洪佩郁，蔺月峰，译. 重庆：重庆出版社，1990：1.
[2] 马尔库塞. 单向度的人 [M]. 重庆：重庆出版社，1988：38.

的科学技术具有双重性。一方面，科学技术是"第一位的生产力"，另一方面，科学技术异化为一种新的意识形态，进而为资产阶级统治做辩护。他认为，在资本主义条件下，以科学技术为背景的劳动的合理性取代了交往行为的不合理性。这种合理化"劳动"脱离了主体间交往的基础，吞没了主体间合理的相互作用，导致的后果则是人与人之间的关系降为物与物的关系，人异化为资本主义的统治工具。为此，只有在主体间自由交往的基础上，主客体的关系才能走向和谐，换言之，人与自然的合理性交往要建立在人与人自由交往的基础上，建立起真正的主体间的理解，实现交往行为的合理化，最终扬弃异化，实现人与自然的和谐共生。弗洛姆从人与自然、人与人之间的关系的变化来论述现代人的自由就是不自由的本真存在，"资本主义虽在自由成长的过程中产生了上述效果，但同时也使个人在社会中感到孤独、无意义和无权利。"① 同时，期待通过"逃避自由"来化解人与自然、人与人的隔阂。

三、生态学马克思主义的生态批判

（一）"异化消费"

本·阿格尔在《西方马克思主义概论》中深入个人生活维度分析了资本主义社会异化消费问题，指出马克思主义的资本主义经济危机理论已经失效，目前最大的危机是生态危机。"今天，危机的趋势已转移到消费领域，即生态危机取代了经济危机。"② 每一个人都是通过过度的消费来获得最佳的存在感、幸福感，这样的消费方式必然导致生态危机的爆发。同时，资本主义社会的异化消费实际上是资本主义延长统治的一种手段，"对消费实行操纵和调节业已延长了资本主义制度的寿命"③。但由于自然条件的约束，自然提供给人类的资源是有限的，当人类的需求超过了自然的限阈时，则人的消费期望破灭。"期望破灭的辩证法"是本·阿格尔提

---

① 弗洛姆．逃避自由［M］//俞吾金，陈学明．国外马克思主义哲学流派新编（上册）．上海：复旦大学出版社，2002：326．
② 本·阿格尔．西方马克思主义概论［M］．慎之，等，译．北京：中国人民大学出版社，1991：486．
③ 同②493．

出的一种西方社会消费期望破灭的现象，是指消费者能够从资本主义生产和消费的幻影中清醒过来，不能仅仅通过消费来获得幸福感。实际上，本·阿格尔通过这种异化消费现象，启发人们重新理解幸福的含义，使人们认识到在利润动机驱动下，资本主义过度的浪费性消费给地球生态系统造成的危害，只有通过分散的、小规模的、民主管理的生产者联合体的劳动，才能克服异化消费。"我们认为通过使现代生活分散化和非官僚化，我们就可以保护环境不受破坏的完整性（限制工业增长），而且在这一过程中可以从性质上改变发达资本主义社会的主要社会、经济、政治制度。"① 本·阿格尔认为生态危机迫使资本家削减商品生产，通过消费者自觉调整自己的消费需求观、价值观，来摆脱异化消费对生态危害的困境。在资本主义金钱至上的环境条件下，这种道德的自觉存在多大可能性呢？

马克思主义历史唯物主义深入社会底层，洞察人类历史演进的规律，阐明生产力与生产关系、经济基础与上层建筑构成人类社会发展的基本矛盾运动规律的核心内容，而本·阿格尔从社会生产外部，或者说是从社会生产的前提条件来分析社会生产的基本矛盾，指出资本主义社会生产的基本矛盾是资本主义生产与整个生态系统之间的矛盾。这样就超越了社会，从高空来看社会生产和自然，脱离了社会的生态自然，还是生态马克思主义吗？所以，最终，本·阿格尔不可能提出生态危机的根源以及解决问题的办法，只能选择温和的方法，在不触动资本主义制度的条件下，将生态马克思主义与美国的民粹主义嫁接，建构北美的马克思主义，这不过是乌托邦式的臆想。

（二）"控制自然"

威廉·莱斯在《自然的控制》《满足的限度》中表达了他的生态马克思主义思想。本·阿格尔认为表述得最清楚、最系统的生态马克思主义是威廉·莱斯，他的主要理论贡献在于提出了生态危机最深层的根源在于控制自然的观念，这一观念不仅控制自然，而且通过控制自然来控制人，把人

---

① 本·阿格尔.西方马克思主义概论[M].慎之，等，译.北京：中国人民大学出版社，1991：500.

与自然的关系纳入社会领域来思考,"如果控制自然的观念有任何意义的话,那就是通过这些手段,即通过具有优越的技术能力——一些人企图统治和控制他人。"①

在今天工业社会高投入、高能耗、高产出的生产方式下,面对人的真实需要与虚假需要现象即异化消费问题,生态危机在所难免。如何解决人与自然的危机?威廉·莱斯认为建立一个"较易于生存的社会",减低商品作为人的需要的因素,把对物的需求降到最低限度,改变物质需求理论,人的需求满足不应该像一般动物那样通过消费来满足,而应该是在生产活动中获得全身心的满足。这种社会理想把人的需求与生产劳动相联系,具有摆脱商品压迫、解放人的倾向。理想就是理想,给现实苦恼的人们提供了一条走向未来的路径,但谁去完成这一历史任务呢?如何实现这一理想社会呢?也许现实中的每一个人都需要对此进行思考。威廉·莱斯认识到每一个人的道德自觉也许是化解生态危机的又一条路径,"我们将把对自然的尊重——即放弃大规模操纵环境——作为保护我们自己长远福祉的最谨慎方式的第一步。"②

(三)"经济理性"

安德烈·高兹在《生态学与政治》《生态学与自由》《资本主义、社会主义和生态学》《劳动分工的批判》《经济理性批判》中对资本主义进行了尖锐而系统的批判,指出以经济增长为目的当代资本主义是造成生态危机的根源,只有按照社会主义方式来进行生产,建立生态社会主义社会才能根本解决生态危机。他认为资本主义劳动分工的目的是资本增值,这是造成一切异化的根源,"高兹认定现代文明社会中所出现的生态危机、自然危机根源于资本主义的生产方式,而资本主义的生产方式是同资本主义的劳动分工联系在一起的……。"③ 资本主义利润动机必然破坏生态环境,指明了不良观念在现代化中的恶果,强调生态危机不是现代化的危机,而是不

---

① 威廉·莱斯.自然的控制[M].徐崇温主编.岳长岭,李建华,译.重庆:重庆出版社,1993:108.
② 威廉·莱斯.满足的极限[M].李永学,译.北京:商务印书馆,2016:153.
③ 俞吾金,陈学明.国外马克思主义哲学流派新编(上册)[M].上海:复旦大学出版社,2002:582.

合理动机的危机,是观念的危机,"即那种把现代化视为是没有界限的、可以漫无边际地加以突破的旧观念。"① 给现代化划定界限,"哪些是可以做的、哪些是不可以做的,而不像现在那样什么都可以做。"② 从某种意义上说,任何生产都会影响自然,"生产也就是破坏",毫无限制的大规模的生产必然造成人与自然的危机。资本主义使人的需要的增长超过它能满足需要的增长,提出保护生态环境的最佳选择是建立"更少地生产、更好地生活"的先进的社会主义,从生产与消费的角度给人类指明了未来发展的方向。

(四)"适度发展"

约翰·贝拉米·福斯特在《生态危机与资本主义》《脆弱的星球》《马克思的生态学:唯物主义与自然》等著作中,强调资本主义制度和生产方式是造成生态危机的根源,指出资本主义制度不仅是造成人与人之间不平等的制度,还是造成人与自然相互抵牾的制度,"资本主义经济把追求利润增长作为首要目的,所以要不惜任何代价追求经济增长,包括剥削和牺牲世界上绝大多数人的利益。这种迅猛增长通常意味着迅速消耗能源和材料,同时向环境倾倒越来越多的废物,导致环境急剧恶化。"③ 资本以无限攫取剩余价值为原初动力,在资本主义制度和生产方式的作用下,资本为了最大限度地获得利润,不惜牺牲自然资源,造成的后果则是引发经济增长的无限性与自然资源的有限性之间的矛盾。在资本逻辑的主导下,资本家通过投入更多的资金不断扩大生产规模,致使资本家和工人囿于"踏轮式生产方式"之中,沦为资本牟利的工具。在此过程中,资本家试图源源不断投入自然资源确保利润的正向增长,这会造成自然资源的破坏,引发生态危机。要摆脱生态危机则需要变革资本主义制度,展开将生态价值与文化融为一体的道德革命,构建以"适度发展"内涵的生态自然观,重塑马克思主义生态学的当代适用性。

---

① 俞吾金,陈学明. 国外马克思主义哲学流派新编(上册)[M]. 上海:复旦大学出版社,2002:597.
② 同①.
③ 约翰·贝拉米·福斯特. 生态危机与资本主义[M]. 耿建新,宋兴无,译. 上海:上海译文出版社,2006:2-3.

(五)"自然的理由"

詹姆斯·奥康纳在《自然的理由——生态学马克思主义研究》中以资本主义矛盾为切入点,强调资本主义是引发生态危机的罪魁祸首,"绿色话语与资本主义话语其实有着天壤之别,这两者完全是风马牛不相及的。"[①] 深刻批判了资本主义反生态的本质。一方面,资本积累引发生态危机。在经济危机的条件下,资本通过劳动生产率的不断提高来实现自身的积累,促使个别资本在保持一定量的雇佣劳动下加工更多的原材料,这就必然加剧对自然的掠夺性开发,引发生态危机。另一方面,资本主义"第二重矛盾"引发生态危机。资本主义社会不仅存在着"第一重矛盾"(生产力和生产关系的矛盾),还存在着"第二重矛盾"(生产力、生产关系和生产条件的矛盾)。在"第二重矛盾"的作用下,在人类无产阶级化、动力异化以及自然界、劳动、城市等基础设施建设方面,资本突破了生态系统的限制,加快了自毁根基的趋势,导致对自然的无限攫取,进而引发生态危机。基于此,他提出以生产性正义为核心的生态社会主义,论证了生态社会主义的可行性和必要性,构建生态学与社会主义"联姻"实施路径。

总之,国外马克思主义对资本主义的生态批判,立足于人类中心主义,从思想观念、消费方式、生产方式,到生产关系、阶级关系,再到政治、经济、社会领域分析生态危机的起因,认识到资本主义制度是造成生态危机的根源,只有消灭资本主义制度、建立社会主义制度才能从根本上解决人与自然的危机。但对"如何实现社会主义?谁去完成这一历史任务?"等许多关键问题没有涉及。马尔库塞虽然在"革命新理论"中认为革命的主体已经不是马克思所指出的产业工人阶级,而是第三世界的被压迫者(外在无产者)和西方工业社会的新左派(青年知识分子、大学生、流浪者、嬉皮士等),但在理论和实践中都未能阐明这些人如何承担起全人类解放的重任。总体而言,在人与自然关系问题上,国外马克思主义从理论上揭示了人与自然的异化困境,但就如何超越异化始终没有找到有效的路径和主

---

① 詹姆斯·奥康纳. 自然的理由——生态学马克思主义研究[M]. 唐正东,等,译. 南京:南京大学出版社,2003:380.

体，只能是"象牙塔"内的理论思考而已。不过，这些理论真实揭示了人与自然异化的实然关系，为我们历史考察人与自然的关系以及探索人类文明的发展提供了重要的理论资源。

第八讲　社会主义生态文明论

通过社会主义生态文明论的学习，掌握社会主义生态文明形成的必然性、"五位一体"的内涵及其发展规律，理解习近平生态文明思想是新时代生态文明建设的灵魂，自觉承担起社会主义生态文明建设的责任与使命。

资本主义必然灭亡，社会主义必然胜利，社会主义必然代替资本主义。但什么是社会主义？社会主义怎么代替资本主义？如何建设社会主义、建设什么样的社会主义等系列问题，马克思、恩格斯没有明确回答，需要社会主义的建设者去探索。社会主义革命与建设的问题不是理论的预设，而是在社会主义革命与建设中不断生成的。列宁根据帝国主义发展的不平衡性以及苏联的国情，提出了社会主义首先可以在帝国主义链条的薄弱环节即少数国家取得胜利的结论，创新了马克思主义无产阶级专政理论；毛泽东根据中国的国情，创造性提出农村包围城市的社会主义革命理论；邓小平根据"和平与发展"这一世界的主题，创造性提出走社会主义市场经济道路，把中国融入世界经济一体化中，使中国快速发展为世界第二大经济体。生态文明新时代，以习近平同志为核心的党中央，在社会主义生态文明建设的实践中，形成了习近平新时代中国特色社会主义的生态文明思想，为社会主义生态文明建设指明了方向。

一、社会主义

（一）社会主义生态问题

从 1516 年托马斯·莫尔在《乌托邦》中提出社会主义学说，到今天已经有 500 多年历史。在社会主义历史发展中，从空想社会主义到科学社会主义，从科学社会主义理论到现实社会主义实践，从苏联一国社会主义成功，到15个社会主义国家的胜利；从20世纪末苏联及东欧社会主义国家的演变，再到今天中国特色社会主义辉煌成就，始终存在着困扰社会主义革命与建设的问题，例如什么是社会主义、如何建设社会主义以及如何处理人与自然的关系等，发展是社会主义的第一要务，由于贫穷落后的国情，各社会主义国家有强烈的发展需求，而传统工业文明生产方式下的发展往往意味着对自然的占有甚至破坏，加之人口的增多，各国出现生态环境变化、人与自然危机加剧等一系列生态问题。

（二）"两个必然"

"资本主义必然灭亡，社会主义必然胜利"是人类社会发展的必然趋势，"资产阶级的灭亡和无产阶级的胜利是同样不可避免的。"[①] 科学社会主义的这一核心命题说明了什么？资本主义生产方式的基本矛盾即生产社会化和生产资料资本主义私人占有之间的矛盾，是资本主义不可克服的内在矛盾，也就是说，来源于自然的生产资料，作为生产的基本要素应该由社会而不是个人来支配，才能适应社会化大生产的需要，但现实的资本主义私有制却是由私人占有自然资源，因而导致生产的无序化，最终造成经济危机和生态危机的爆发。人类为了生存，必须加工、生产、经营人类需要的物质产品，只有废除资本主义制度，建立更加科学、先进的共产主义制度，在生产资料公有制基础上，有计划按比例生产，社会大生产才能顺利进行，人与自然的和谐才是可能的。当然，马克思主义经典作家告诉我们，资本主义的灭亡和共产主义的实现不是一朝一夕的事情，需要较长时间的历史发展阶段，并且共产主义也有初级阶段（过渡阶段）和高级阶段。"无论哪一个社会形态，在它所能容纳的全部生产力发挥出来以前，是决不会灭亡的；而新的更高的生产关系，在它的物质存在条件在旧社会的胎胞里成熟以前，是决不会出现的。"[②] 这个过渡的历史发展阶段就是无产阶级专政历史阶段，即共产主义社会发展的低级阶段，也就是社会主义社会。社会主义社会既有资本主义旧社会的痕迹，又有新社会的萌芽，是资本主义

---

① 马克思，恩格斯．共产党宣言［M］//马克思，恩格斯．马克思恩格斯选集：第1卷．北京：人民出版社，2012：413．

② 马克思．《政治经济学批判》序言［M］//马克思，恩格斯．马克思恩格斯选集：第2卷．北京：人民出版社，2012：3．

旧社会的痕迹逐步消亡、共产主义社会的新要素逐步增长的过程。马克思主义经典作家给现实社会主义国家的人们指明了处理人与自然关系的历史方向。

在社会主义社会，无产阶级作为领导阶级，在无产阶级政党的领导下，肩负着"建立社会主义和实现共产主义新世界的历史使命"，首先通过暴力革命建立无产阶级专政的国家；其次，在社会主义建设时期，逐步消灭剥削，根除生产资料私有制，在生产资料公有制基础上有计划、按比例进行社会生产。这样的现实生产，不以获得利润为动机就能够做到遵循自然规律，有组织地改造、利用自然，从而满足全体社会成员的需要，为实现人与自然的和谐奠定了制度基础，根本改变了资本主义私有制条件下生产的无序化和资本逻辑。只有这样的制度，社会生产的利润动机才能根本根除，才能恢复为人类而生产的本真目的。当然，由于各个国家的国情不同，虽然都是社会主义国家，但建设社会主义的道路、方式、方法以及制度等方面都具有符合自己国家实际的特色。

(三) 中国特色社会主义的生态问题

1840年鸦片战争以来，中华民族多次遭到资本主义列强的侵略和蹂躏，面对山河破碎、家破人亡的困境，为了拯救中国，先后实行的晚清洋务运动、梁启超的改良主义、孙中山资本主义等都失败了，说明这些道路走不通。十月革命一声炮响给我们送来了马克思主义，从1921年中国共产党建立，到今天100多年的发展历程中，中国共产党人用鲜血和生命把马克思主义与中国传统文化高度融合，创造了毛泽东思想和中国特色社会主义理论。在马克思主义理论指导下，1949年10月中国共产党领导的新民主主义革命取得胜利，向全世界宣告新中国成立了，中国人民"站起来"了。经过30多年的社会主义实践探索，水利、土壤、植被等自然生态环境得到了较大改善；改革开放到党的十八大以来，中国人民积极迎接全球化的挑战，学习西方先进的理念和技术，加快现代化建设步伐，取得了举世瞩目的成绩，成为世界第二大经济体，中国人民"富起来"了，但是，也造成了自然环境的破坏。实际上，改革开放学习西方，在处理人与自然关系上，西方文明"二元对立"思维方式上得到了充分的表现，这种思维把自然作为征服、掠夺的对象，把自然看成是财富的源泉，只要占有自然，就获得了财富，只要占有财富,就能占有人,就能剥削人、支配人,就是人上人,在这种思维方式和价值理念指导下,人们疯狂开发自然、掠夺自然资源,造成了极其严重的生态问题。为了建设富而强、大而美的国家,党的十八大明确提出将生态文明建设纳入"五位一体"的发展战略,党的二十大报告进一步明确了全面建成社会主义现代化强国的战略安排:"从二〇三五年到本世纪中叶把我国建成富强民主文明和谐美丽的社会主义现代化强国。"从此,中国人民有了明确"强起来"的发展方向,标志着中国特色社会主义生态文明建设新篇章。

二、中国特色社会主义生态文明

(一)中国特色社会主义生态文明新征程

新时代,生态文明作为中国共产党人的创造,向我们展示了人与自然和谐关系美好的发展前景,开启了社会主义生态文明建设的新征程。党的十八大明确指出:"建设生态文明,是关系人民福祉、关乎民族未来的长远大计。"① 中国共产党认识到生态文明建设的重要意义,当然,生态文明建设的核心问题是人与自然的关系问题,只有将这一问题协调好、解决好,中华民族伟大复兴才是可能的。面对人与自然的问题,生态文明如何建设呢?中国共产党提出了自己的方案。"面对资源约束趋紧、环境污染严重、生态系统退化的严峻形势,必须树立尊重自然、顺应自然、保护自然的生态文明理念,把生态文明建设放在突出地位,融入经济建设、政治建设、文化建设、社会建设各方面和全过程,努力建设美丽中国,实现中华民族永续发展。"② 面对当前国内外严峻的生态现实,中国共产党已经认识到人与自然关系的危机,并且认识到自然的危机不是自然本身的问题,而是人类的文明出现了问题,必须从文明的高度来解决人与自然关系的危机。中国共产党从"五位一体"国家发展战略的高度提出生态文明建设,为解决人与自然关系的危机提供了顶层设计方案。并且,经过十多年的努力,人与自然的矛盾得到了明显改善。党的十九大指出"生态文明建设成效显著。

---

① 胡锦涛.坚定不移沿着中国特色社会主义道路前进 为全面建成小康社会而奋斗——在中国共产党第十八次全国代表大会上的报告[N].人民日报,2012-1-18(01).
② 同①.

大力度推进生态文明建设,全党全国贯彻绿色发展理念的自觉性和主动性显著增强,忽视生态环境保护的状况明显改变。"①

党的二十大标志着我国生态文明建设进入新阶段。人类历史的发展以及人类新文明的建设都需要不断反思,只有这样,才能少走弯路。生态文明建设也是如此,必须对生态文明进行理论思考,对其实质、内容等核心问题进行梳理,从而推进生态文明建设的健康发展。

(二) 人类文明新形态

生态文明就是使生态得以可能的文明。在人类文明发展中,生态文明是继农业文明、工业文明之后的人类文明新形态。"从形式上讲,生态文明是指人类改造自然界而取得的物质与精神成果的总和;从内容上讲,生态文明是人类处理与自然关系形成的精神文明。生态文明的实质就是通过规范人的感性、知性、悟性能力而不断促使人与自然和谐的过程。"② 生态文明是通过劳动而创造的人与自然、人与社会、人与自我和谐的政治、经济、文化、社会的生成过程,即生态文明是在协调、处理人与自然关系过程中形成的使人成为生态人的文明,或者说,通过生态文明的构建、发展而展示出来的政治、经济、文化与社会,"生态环境问题的根本性解决,还有赖于一种全新的符合生态文明原则的新经济、新社会、新政治与新文化,而人与自然是生命共同体和山水林田湖草系统治理的价值理念与行为方式将会构成这种全新社会的认知与实践指针。"③ 并通过这些多层面的文明成果来塑造人之为人的根本属性(人性)的过程,生态文明与人性具有重要的价值关系。生态文明建设的过程是塑造生态人性的过程,而具有生态人性的人是生态文明建设的主体,两者互不分离,生态文明建设的过程就是具有生态人性的人的生成过程:"一切科学都或多或少与人性有着某种关系;不管看起来与人性相隔多远,每门科学都会通过这种或那种途径返回到人性中。"④

---

① 习近平. 决胜全面建成小康社会 夺取新时代中国特色社会主义伟大胜利——在中国共产党第十九次全国代表大会上的报告 [M]. 北京:人民出版社,2017:5.
② 苏百义. 农业生态文明论 [M]. 北京:中国农业科学技术出版社,2018:65.
③ 郇庆治. 生态文明建设是新时代的"大政治" [N/OL]. 中国共产党新闻网. 2018-7-16. [2022-7-15]. http://theory.people.com.cn/n1/2018/0716/c40531-30148265.html.
④ 休谟. 人性论(上册)[M]. 关文运,译. 北京:商务印书馆,1997:6.

1. 经济生态文明

经济生态文明就是使生态平衡得以可能的经济文明，即经济理念、经济动机、经济原则、经济目标、经济政策、经济制度、经济策略、经济行为等符合生态发展规律的经济要素总和。党的十八大指出加快完善社会主义市场经济体制和加快转变经济发展方式，问题是加快转变什么样的经济发展方式？是过去工业文明主导的粗放式经济发展方式吗？显然不是。中华民族在一穷二白基础上，从站起来、富起来的过程中，必须发展经济，必须立足于以经济建设为中心，这是兴国之要，同时要立足于发展，发展仍是解决我国所有问题的关键，只有"坚持发展是硬道理的战略思想，才能筑牢国家繁荣富强、人民幸福安康、社会和谐稳定的物质基础。"① 但在新时代，中华民族要强起来，必须超越工业文明发展模式，全方位转变为以生态文明发展模式为目标，坚持科学、绿色、高质量发展，这也是坚持发展是硬道理的本质要求。

在生态文明建设新时代，从科学发展，到新发展理念指导下的新发展方式，经济生态文明取得显著成效，"经济建设取得重大成就。坚定不移贯彻新发展理念，坚决端正发展观念、转变发展方式，发展质量和效益不断提升。经济保持中高速增长，在世界主要国家中名列前茅，国内生产总值从五十四万亿元增长到八十万亿元，稳居世界第二，对世界经济增长贡献率超过百分之三十。"②

我国经济成效显著得益于党的十八大明确了经济生态文明发展方向，采取了符合我国实际的得力措施，实现了经济发展模式的全方位转变，"以加快转变经济发展方式为主线……加快形成新的经济发展方式……着力构建现代产业发展新体系……使经济发展更多依靠内需特别是消费需求拉动……更多依靠节约资源和循环经济推动，更多依靠城乡区域发展协调互动，不断增强长期发展后劲。……坚持走中国特色新型工业化、信息化、

---

① 胡锦涛. 坚定不移沿着中国特色社会主义道路前进 为全面建成小康社会而奋斗——在中国共产党第十八次全国代表大会上的报告［N］. 人民日报，2012-1-18（01）.
② 习近平. 决胜全面建成小康社会 夺取新时代中国特色社会主义伟大胜利——在中国共产党第十九次全国代表大会上的报告［M］. 北京：人民出版社，2017：3.

城镇化、农业现代化道路……。"①

经济生态文明建设主要内容包括：

第一，弘扬新发展理念。为了破解我国经济社会发展难题，厚植发展优势，实现"十三五"发展目标，2015年10月，党的十八届五中全会首次提出"新发展理念"，即创新、协调、绿色、开放、共享的新发展理念，"坚持绿色发展，必须坚持节约资源和保护环境的基本国策，坚持可持续发展，坚定走生产发展、生活富裕、生态良好的文明发展道路，加快建设资源节约型、环境友好型社会，形成人与自然和谐发展现代化建设新格局，推进美丽中国建设，为全球生态安全作出新贡献"②。2017年10月，党的十九大明确把"新发展理念"作为新时代中国特色社会主义的基本内容。2017年12月，中央经济工作会议提出，新发展理念是习近平新时代中国特色社会主义经济思想的主要内容。新发展理念是中国特色社会主义政治经济学的核心内容，丰富发展了中国特色社会主义政治经济学理论，是影响中国发展全局的一场深刻的思想风暴，具有深远的历史意义。

第二，完善社会主义市场经济体制。经济体制是基本经济制度所规定的组织形式和管理形式，是生产关系的具体实现形式。在实践过程中，经济体制对于基本经济制度的实现以及生产关系的完善和生产力的发展具有重要价值，这是生态文明建设在经济领域的重要内容。政府与市场是协调人与自然关系重要的"两只手"，"经济体制改革的核心问题是处理好政府和市场的关系，必须更加尊重市场规律，更好发挥政府作用。"③

我国社会主义基本经济制度是社会主义公有制为主体、多种经济成分并存。在这样的经济制度安排下，决定了我国经济体制改革的核心问题是处理好政府和市场的关系，只有尊重市场规律、发挥政府作用，处理好

---

① 胡锦涛．坚定不移沿着中国特色社会主义道路前进　为全面建成小康社会而奋斗——在中国共产党第十八次全国代表大会上的报告［N］．人民日报，2012-1-18（01）．
② 习近平．中共中央关于制定国民经济和社会发展第十三个五年规划的建议——中国共产党第十八届中央委员会第五次全体会议公报［N/OL］．共产党员网．2015-10-29．［2022-7-16］．http：//www.12371.cn/special/18jwzqh/．
③ 同①．

"看得见的手"（政府计划）与"看不见的手"（市场价值规律）在经济运行中的作用问题，才能更好发挥社会主义公有制的优越性。在思想认识和经济体制上，"坚决破除一切不合时宜的思想观念和体制机制弊端，突破利益固化的藩篱，吸收人类文明有益成果，构建系统完备、科学规范、运行有效的制度体系，充分发挥我国社会主义制度优越性。"[①] 这就要求我们要毫不动摇地巩固和发展公有制经济，推行公有制多种实现形式。在国有企业改革与发展、各类国有资产管理体制以及非公有制经济发展等方面，既要充分利用国家力量、政府手段，创新财政、税收、金融、货币、保险管理机制现代化，在宏观层面调控公有制经济和非公有制经济发展；同时，又要在微观层面发挥两者的重要作用，利用市场价值规律在市场资源配置中的优势，对于具有社会公益性质的基础设施、公共产品领域，政府应发挥重要作用，承担起历史赋予的责任，让国有资本更多投向关系国家安全和国民经济命脉的重要行业和关键领域，在适合市场化的各个领域，"毫不动摇鼓励、支持、引导非公有制经济发展，使市场在资源配置中起决定性作用，"[②] 确保国民经济的健康发展，壮大我国经济实力和综合国力。在经济体制改革过程中，更加需要注意的是推进经济结构战略性调整。构成事物的结构也是决定事物性质的重要因素，由工业文明主导的经济结构转变为生态文明时代的经济结构，这是目前我国经济发展方式的大方向。在经济发展大方向确定的条件下，深化供给侧结构性改革、完善产权制度和要素市场化配置，加快建设创新型国家，建设现代化经济体系。

第三，全面提高开放型经济水平。改革开放是我国的基本国策，中国经济必须融入全球化的格局中，积极推动经济开放的内容与形式，创新开放模式，以"一带一路"为重点突破，采取"引进来""走出去"策略，遵循共商、共建、共享的基本原则，构建陆海内外联动、东西双向互济的开放新格局，"创新对外投资方式，促进国际产能合作，形成全球的贸易、

---

① 习近平. 决胜全面建成小康社会 夺取新时代中国特色社会主义伟大胜利——在中国共产党第十九次全国代表大会上的报告 [M]. 北京：人民出版社，2017：21.
② 同①.

投融资、生产、服务网络,加快培育国际经济合作和竞争新优势。"① 只有这样,中国经济才能实现高质量、高效率发展,也才能通过发展实现社会的公平与和谐。

第四,实施乡村振兴战略。从党的十八大提出推动城乡发展一体化,到党的十九大提出实施乡村振兴战略,再到党的二十大提出全面推进乡村振兴,意味着以习近平同志为核心的党中央治国理政的现代化由"条块分割"科学治理到系统、协调、整体治理,不仅是中国特色社会主义实践的创新,而且是思维方式的根本性转变,是马克思主义理论的创新,丰富发展了中国特色社会主义建设理论。

城乡发展一体化就是要加大统筹城乡协调发展,逐步缩小城乡差别和工农差距,促进城乡共同繁荣,这是解决"三农"问题的根本途径。中央提出工业反哺农业、城市支持乡村和多予、少取、放活的方针,各个职能部门相继出台了强农、惠农、富农系列政策,以便让农民平等参与现代化过程,分享现代化成果。由于中央政策扶持、资金充足、技术领先、人员到位,加快了现代农业的发展,促进了有机循环农业、特色农业等现代智慧农业的发展,增强了农业、农村、农民的综合生产力,对于确保国家粮食安全和食品安全具有重要意义。

乡村振兴战略是党的十九大提出的全面建成小康社会、全面建设社会主义现代化国家的重大决策部署。乡村振兴战略要"坚持农业农村优先发展,按照产业兴旺、生态宜居、乡风文明、治理有效、生活富裕的总要求,建立健全城乡融合发展体制机制和政策体系,加快推进农业农村现代化。"② 乡村振兴的主要内容包括产业振兴、人才振兴、文化振兴、生态振兴、组织振兴的全面振兴。其中,产业振兴是基础,人才振兴是关键,文化振兴是灵魂,生态振兴是条件,组织振兴是保证。"五个振兴"各有侧重,彼此之间是相互影响、相互作用、相互制约的辩证统一关系。按照党的十九大提出的分两个阶段实现"第二个百年奋斗目标"的战略安排,

---

① 习近平.决胜全面建成小康社会 夺取新时代中国特色社会主义伟大胜利——在中国共产党第十九次全国代表大会上的报告[M].北京:人民出版社,2017:35.
② 同①32.

2020年乡村振兴制度框架和政策体系基本形成，2035年农业农村现代化基本实现，2050年乡村全面振兴。

乡村振兴首先通过建立健全城乡融合发展的体制机制和政策体系，真正实现从二元城乡社会经济结构走向一元，这是乡村振兴的前提条件。这里要深化农村土地制度改革，在土地所有权不变的情况下，经营权、租赁权、承包权、收益权、分割权、转让权等土地产权可以分割并在市场上自由流转，把土地资源动起来、活起来、用起来，让懂土地的人经营土地、让喜爱耕田的人耕田；废除城乡二元户籍制度，给农村和城市居民充分选择就业、居住的自由。只有劳动力、资本、土地等要素市场协调统一，城乡才会真正走向融合发展。中国社会科学院农村发展研究所乡村治理研究室主任谭秋成研究员认为，实现乡村振兴必须"重塑城乡关系，走城乡融合发展之路；巩固和完善农村基本经营制度，走共同富裕之路；深化农业供给侧结构性改革，走质量兴农之路；坚持人与自然和谐共生，走乡村绿色发展之路；传承发展提升农耕文明，走乡村文化兴盛之路；创新乡村治理体系，走乡村善治之路；打好精准脱贫攻坚战，走中国特色减贫之路。"《中华人民共和国乡村振兴促进法》把"农业强、农村美、农民富"的目标要求用法律制度固定下来，为全面实施乡村振兴战略提供有力法治保障，对促进农业、农村、农民的全面发展以及全面建设社会主义现代化国家具有重要意义。

总之，通过全面深化经济体制改革和加快转变经济发展方式，把我国经济发展活力和竞争力提高到历史新水平。

2. 政治生态文明

政治生态文明就是使生态平衡得以可能的政治文明，也就是政治理念、政治宗旨、政治原则、政治政策、政治制度、政治行为等具有符合生态环境发展规律的认知、制度、行为的总和。"建设生态文明，是关系人民福祉、关乎民族未来的长远大计。"[①] 党的十八大报告明确告诉全党、全国各族人民，生态文明建设是我们目前最大的政治，明确了生态文明建设的政

---

① 胡锦涛. 坚定不移沿着中国特色社会主义道路前进　为全面建成小康社会而奋斗——在中国共产党第十八次全国代表大会上的报告［N］. 人民日报，2012-1-18（01）.

治属性。习近平指出生态文明建设不仅是重大经济问题，也是重大社会和政治问题，是关系党的使命、宗旨的重大政治问题，"我们不能把加强生态文明建设、加强生态环境保护、提倡绿色低碳生活方式等仅仅作为经济问题。这里面有很大的政治"。① 正像北京大学郇庆治教授所言："生态文明建设的直接性任务是'刚性目标'，就是实质性应对经过近40年经济社会现代化发展之后累积起来的极其严重的生态环境问题或挑战，因而是必须如期完成的政治任务。"② 党中央明确了生态文明建设的政治价值定位，彰显了一种新政治、新文明，给政治建设指明了发展方向。

党中央明确了生态文明建设具有政治意义的目标："加快生态文明体制改革，建设美丽中国"，主要包含四个方面的内容。

推进绿色发展。"推进绿色发展。加快建立绿色生产和消费的法律制度和政策导向，建立健全绿色低碳循环发展的经济体系。"③ 在生产、生活、消费等各个领域，建构具有政治意义的市场导向绿色技术创新体系，即"政府为主导、企业为主体、社会组织和公众共同参与的环境治理体系。"④ 为人们的绿色行为奠定了制度基础。

着力解决突出环境问题。在应对环境问题上，坚持全民共治、源头防治的政治总动员，在连续出台"大气十条""水十条""土十条"新政策基础上，持续实施大气污染、水污染、土壤污染综合防治行动，"提高污染排放标准，强化排污者责任，健全环保信用评价、信息强制性披露、严惩重罚等制度。"⑤ 在解决突出的环境问题方面，可以说精准施策，取得良好效果。在生态环境问题上，解决问题是重要的环节，但更重要的是如何保护好没有破坏的生态系统以及已经解决的环境问题如何持续的问题，英明的对策就是加大生态系统保护力度。

---

① 习近平.2013-4-25.在十八届中央政治局常委会会议上关于第一季度经济形势的讲话[N/OL].中国共产党新闻网.2018-2-23.[2022-7-18].http://theory.people.com.cn/GB/n1/2018/0223/c417224-29830240.html
② 郇庆治.生态文明建设是新时代的"大政治"[N/OL].中国共产党新闻网.2018-7-16.[2022-7-15].http://theory.people.com.cn/n1/2018/0716/c40531-30148265.html.
③ 习近平.决胜全面建成小康社会 夺取新时代中国特色社会主义伟大胜利——在中国共产党第十九次全国代表大会上的报告[M].北京：人民出版社，2017：50-51.
④ 同③51.
⑤ 同④

加大生态系统保护力度。"实施重要生态系统保护和修复重大工程，优化生态安全屏障体系，构建生态廊道和生物多样性保护网络，提升生态系统质量和稳定性。"① 在"建立市场化、多元化生态补偿机制"的前提下，划定"生态保护红线、永久基本农田、城镇开发边界"三条控制线。在此基础上，继续推进保护生态环境的措施，开展国土绿化行动、严格保护耕地、健全耕地草原森林河流湖泊休养生息制度等。生态保护制度是确保生态环境良好的刚性约束，可以严格规范人们的行为，在处理人与自然关系的问题上做到有章可循。

改革生态环境监管体制。体制建设是制度的具体化、现实化过程，一项制度能否落实关键在于管理体制是否高效。生态文明建设的总体设计、组织领导、生态监管机构、制度、政策等因素是生态环境监管体制建设的重要内容，必须完善生态环境监督管理制度和体制，坚决制止和惩处破坏生态环境行为。"全面实行排污许可制，健全现代环境治理体系。严密防控环境风险。深入推进中央生态环境保护督察。"② 一切从实际出发，在党中央集中统一领导下，建构生态文明建设体制和制度措施，积极推进人与自然和谐的现代化，这是政治生态文明建设的核心内容。

3. 文化生态文明

文化生态文明就是使生态平衡得以可能的文化，即文化思想意识、制度规范、风俗习惯、道德伦理、言语心理等具有生态价值的认知与行为要素的总和。在人类处理人与自然关系过程中，创造的一切物质与精神要素的总和就是文化，但不一定是文化生态文明。在新时代，只有那些能够使自然生态得以平衡的文化，才是文化生态文明。这里包含了传统农业文明和工业文明对于自然生态的积极因素。也可以说，文化生态文明是指一切有利于自然生态平衡的人类创造的物质和精神要素的总和。

从存在论看，任何一种文明，不是预设的文明，而是历史凝练形成的

---

① 习近平. 决胜全面建成小康社会 夺取新时代中国特色社会主义伟大胜利——在中国共产党第十九次全国代表大会上的报告 [M]. 北京：人民出版社，2017：50-51.
② 习近平. 高举中国特色社会主义伟大旗帜 为全面建设社会主义现代化国家而团结奋斗——在中国共产党第二十次全国代表大会上的报告 [EB/OL]. http://www.gov.cn/zhuanti/zggcddescqgdbdh/sybgqw.htm.

文明；人类在现实实践中不断创造、形成的一系列认知、行为及其积极后果的总和形成了一种新文明，同时，一种新文明形成后，又反过来不断影响促进符合时代要求的人的形成过程。从个人来说，文化是人的再生父母，父母给了我们肉体，而文化给了我们灵魂，通过文化的教化，每一个自然人成为能够遵循社会规则的现实社会中的真正意义上的人；而对于整个民族、国家来说，"文化是民族的血脉，是人民的精神家园。文化兴国运兴，文化强民族强。"① 因此，我们要有高度的文化自觉和自信，建设中国特色的社会主义文化强国，这是生态文明建设的灵魂。

在生态文明新时代，党的二十大为发展中国特色社会主义生态文化，指明了方向，"全面建设社会主义现代化国家，必须坚持中国特色社会主义文化发展道路，增强文化自信，围绕举旗帜、聚民心、育新人、兴文化、展形象建设社会主义文化强国，发展面向现代化、面向世界、面向未来的，民族的科学的大众的社会主义文化，激发全民族文化创新创造活力，增强实现中华民族伟大复兴的精神力量。"② 中国特色社会主义生态文化就是以马克思主义关于人与自然关系的思想为指导，立足于社会主义生态文明实践，弘扬中华传统优秀生态文化，汲取国内外生态文化成果，形成面向现代化、面向世界、面向未来的民族的科学的大众的社会主义生态文化，主要内容包括天人合一以及人与自然是生命共同体思想。在生态文化建设中，党要牢牢掌握意识形态领导权；培育和践行社会主义核心价值观，铸造公民的生态人格，加强生态思想道德伦理建设，繁荣发展生态社会主义文艺，积极推动生态文化及其产业发展。

生态文明建设新时代，当代中国共产党人和中国人民一定能够担负起创新生态文化的使命，在生态文明建设实践中创造生态文化，在历史进步中实现文化生态文明的提升。

4. 社会生态文明

社会生态文明就是使生态平衡得以可能的社会文明。生态遭到破坏、

---

① 习近平. 决胜全面建成小康社会 夺取新时代中国特色社会主义伟大胜利——在中国共产党第十九次全国代表大会上的报告 [M]. 北京：人民出版社，2017：40-41.
② 习近平. 高举中国特色社会主义伟大旗帜 为全面建设社会主义现代化国家而团结奋斗——在中国共产党第二十次全国代表大会上的报告 [EB/OL]. http://www.gov.cn/zhuanti/zggcddescqgdbdh/sybgqw.htm.

出现疾病说明人类社会出现了问题，生态问题是人类社会问题的折射，生态和谐则说明人类社会和谐，只有人类和谐，生态才能和谐。社会生态文明建设的核心目标就是实现人与自然和谐共生的现代化。

改革开放之后，邓小平提出"三步走"社会发展目标，在此基础上，党中央从国家发展战略高度，提出新的社会发展"三步走"战略目标：第一步解决人民温饱问题，人民生活总体上达到小康水平；在这个基础上，第二步到建党一百年时，建成社会更加和谐、人民生活更加殷实的小康社会；然后再奋斗三十年，到新中国成立一百年时，基本实现现代化。党的十九大根据国际国内新形势和我国发展条件，提出从2020年到21世纪中叶我国社会发展分两个阶段来安排：从2020年到2035年，在全面建成小康社会的基础上，再奋斗十五年，基本实现社会主义现代化，"到那时，我国经济实力、科技实力将大幅跃升，跻身创新型国家前列……现代社会治理格局基本形成，社会充满活力又和谐有序；生态环境根本好转，美丽中国目标基本实现。"① 从2035年到21世纪中叶，"把我国建成富强民主文明和谐美丽的社会主义现代化强国。"②

从国家社会发展战略的"三步走"和"两个阶段"可以看出中华民族的社会发展目标和任务，2020年全面建成小康社会意味着中华民族"富起来"了，从1949年新中国成立宣告中国人民在"一穷二白"基础上"站起来"了，经历了60多年的发展历程，中国人民没有走西方资本主义掠夺发展道路的现代化，而是凭借勤劳和智慧这一优秀文化传统，用自己一滴滴的汗水和心血换来财富，走完了西方用300多年才完成的现代化。在这个现代化过程中，960万平方公里的陆地、470多万平方公里的海洋以及7 600多个大小岛屿，给我们无私提供了富饶的自然资源，这是我们"富起来"的基础。通过高投入、高产出"粗放式"经济发展模式，我们积累了巨大的物质财富，成为世界第二大经济体，但导致资源短缺、生物多样性减少、污染严重的生态问题，人与自然关系出现危机。

怎么办？中国人民不仅要"富起来"，而且要"强起来"，怎么才能

---

① 习近平. 决胜全面建成小康社会 夺取新时代中国特色社会主义伟大胜利——在中国共产党第十九次全代表大会上的报告 [M]. 北京：人民出版社，2017：28-29.
② 同①29.

"强起来"？怎么才算"强起来"？从2020年到2035年是全面夯实"小康社会的基础"阶段，即全面建成小康社会到基本实现现代化阶段，也就是说，这是一个从工业文明向生态文明过渡的阶段，是"新质要素量的增长与旧质要素量的消减过程"，是新旧文明质变过程，两种文明必然发生碰撞与交融，在对立统一中形成一种新文明，这就是生态文明。虽然党的十七大已经明确提出生态文明建设方向，但距离生态文明的要求还有很长的路要走。在这个中华民族逐步"强起来"的生态文明发展时期，我们每一个人都要做生态文明新生事物的促进派，成为生态文明的建设者而不是破坏者。过去，工业文明时期，人类社会的经济发展是以牺牲自然为代价的，造成了人与自然的对抗；今后，我们的发展是绿色发展，不是以牺牲自然为代价，而是追求人与自然和谐共生。在地球自然承载力允许的范围内，开发利用自然，创造一个"绿水青山"美丽的家园，为人类造福。从2035年到21世纪中叶，大约15年的时间，实现20世纪党中央确立的我国发展"三步走"发展战略目标、完成党的十九大确立的第二阶段的任务，全面建成社会主义现代化国家，实现"和谐美丽的社会主义现代化强国"，"到那时，我国物质文明、政治文明、精神文明、社会文明、生态文明将全面提升，实现国家治理体系和治理能力现代化，成为综合国力和国际影响力领先的国家，全体人民共同富裕基本实现，我国人民将享有更加幸福安康的生活，中华民族将以更加昂扬的姿态屹立于世界民族之林。"①

在社会建设方面，党的十八大报告指出加强社会建设的重要性，提出教育事业、社会保障体系、新型社会救助体系、社会管理体制等是社会和谐稳定的重要保证，只有加强和创新社会管理，才能推动社会主义和谐社会建设。只有社会的和谐，才有人与自然的和谐。党的十九大又进一步明确了社会建设的目标和任务是"提高保障和改善民生水平，加强和创新社会治理"。②强调"优先发展教育事业""提高就业质量和人民收入水平""加强社会保障体系建设""坚决打赢脱贫攻坚战""实施健康中国战略""打造共建共治共享的社会治理格局"等六个方面的社会热点难点问题，表

---

① 习近平．决胜全面建成小康社会　夺取新时代中国特色社会主义伟大胜利——在中国共产党第十九次全国代表大会上的报告[M]．北京：人民出版社，2017：29．
② 同①44．

明党中央始终把人民利益摆在至高无上的地位,社会建设的目标就是"形成有效的社会治理、良好的社会秩序,使人民获得感、幸福感、安全感更加充实、更有保障、更可持续"的社会。[①]

"党从思想、法律、体制、组织、作风上全面发力,全方位、全地域、全过程加强生态环境保护,推动划定生态保护红线、环境质量底线、资源利用上线,开展一系列根本性、开创性、长远性工作。"[②] 生态文明建设新时代,政治生态文明、经济生态文明、文化生态文明、社会生态文明是生态文明融入政治、经济、文化、社会而形成的具体领域的生态文明,它们是相互联系、相互影响、相互制约辩证统一的关系,并且彼此联系构成一个系统整体社会关系。政治生态文明为生态文明建设指明了方向,"不忘初心、牢记使命",生态文明不是为哪个人或哪部分人的文明,而是通过国家、社会、人的政治权利而致力于人与自然和谐的手段,是为了全体人民幸福安康的文明;经济生态文明为生态文明建设提供了生态文明建设的基本遵循,发展经济不是为了资本的增值增效,更不是征服掠夺自然,人与自然是"生命共同体",必须尊重自然、爱护自然、敬畏自然,遵循自然规律来改造自然,按照新发展理念来发展经济,创造一个人与自然和谐美丽的世界;文化生态文明为生态文明建设提供了最广泛的生活道德伦理遵循,在价值观、消费观、幸福观、人生观等社会生活的各个方面提供了规范与准则,让人们通过多种形式认识、践行生态文明,文化生态文明蕴含着政治生态文明、经济生态文明,具有更加宽泛的生态文明意蕴;社会生态文明则是通过教育、医疗、保障等复杂的系列社会建设,形成一个和谐有序的社会,这是生态文明建设最基础的内容。政治生态文明、经济生态文明、文化生态文明、社会生态文明形成一个梯形结构的生态文明科学建设模型(图8-1),或者,以人与自然关系为中心,形成了一个圆形的生态文明人文建设模式(图8-2)。

---

① 习近平. 决胜全面建成小康社会 夺取新时代中国特色社会主义伟大胜利——在中国共产党第十九次全国代表大会上的报告 [M]. 北京:人民出版社,2017:45.

② 习近平. 中国共产党第19届中央委员会第六次全体会议公报 [R/OL]. 中华人民共和国中央人民政府. 2021-11-11. [2022-8-13]. http://www.gov.cn/xinwen/2021-11/11/content_5650329.htm.

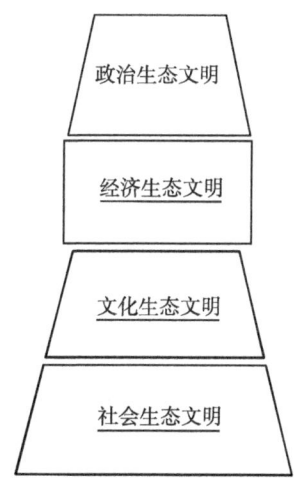 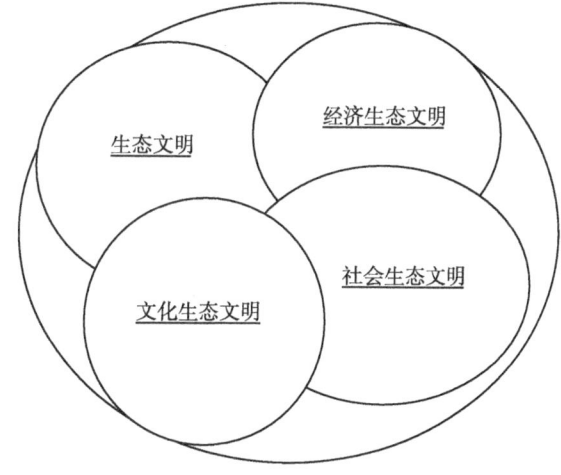

图 8-1 科学生态文明模型　　图 8-2 人文生态文明模型

不论是科学生态文明模型，还是人文生态文明模式都是在处理人与自然关系过程中建构的人类文明。两种模型虽然方法形式不同，但目的、动机都是为了更好地处理好、协调好人与自然的关系，都是为了满足人们对美好生活的需要；不论哪种模型以及建设主体，都是理论上的预设和发展目标，要让理论变成一种真实的存在力量，需要全体人民的共同努力。在实践中，实践的主体务必深刻领会生态文明的精神，在人们的创造过程中，就会形成真正意义上的生态文明建设主体，各具特色的生态文明建设模式就会不断呈现，并不断成为现实的存在力量，这些存在力量的累积就会形成气势磅礴的力量，最终推动生态文明建设不断进步，实现人类文明的转型，达到人与自然和谐的目的。当然，在生态文明建设过程中，具有生态人格的人不断生成，这是生态文明建设的关键问题。从生态文明建设的本质看，这也是生态人性的人的凝练过程，更是生态人的生成过程。一种新文明的萌芽产生于现实实践中，是实践者的愿望和诉求，不过这种新文明以及劳动者的愿望需要远见卓识的思想家首先发现、提出和理论创新，然后，各个专业、学科的理论工作者对新观点进行批判研究，最后达成各种观点学说，如果形成的某一新学说、新理论、新观点被政治家、政府认可接受，就会成为指导现实社会的理论、政策与制度，就会成为一种现实的力量；然后，政府宣传部门、职能部门、学校等社会、政府机构就会学习、宣传、教育和贯彻落实，成为普遍的社会共识，引领劳动者等相关人员把抽象的理论观点、政策、制度变现，成为真实的社会存在。

可见，人类文明作为一种规范体系，是建立在人与自然关系基础上的制度体系，这种制度体系作为一种意识形态，是为了确保生产力、生产关系的发展以及社会的稳定而建构的社会规范，反映了当前社会存在状况。不过，任何文明就像"牢笼"一样将人类的认知和行为牢牢地限制在一定的文明所允许的框架范围内，不可越雷池一步，否则，就会受到社会舆论、道德良心的软惩罚，或者法律的硬惩处。正像西方思想家弗洛伊德所言"文明就是不文明"。但正是这种"不文明"才是文明，才使一代代人按照文明规约安然有序地生活和工作。没有这种"不文明"的文明规约，社会就会无序大乱，人类的生存就成问题。面对动物世界的丛林法则，人的自然本能无法与其他生命抗衡，没有人类文明的积淀和保护，人就会成为老虎、狮子的绝佳美味，或者冠状病毒（或者其他病毒）的寄宿体，不论是个人还是组织或国家都应该遵守人类的文明法则，不要为了暂时的利益而任意践踏人类的文明，或者用自己的文明规则去任意干涉他国的内政与文明。不论是西方文明，还是东方文明，世界上没有从天上掉下来的文明，人类文明的发展是一个历史过程，是世世代代人的选择与延续的过程，都是在特定的历史境遇中当事人选择与创造的结果，正像中国人常说的那样"一方水土养一方人"。西方文明是一种对抗思维，用所谓的"民主""人权""自由"的墨镜，审视、诋毁中国的优秀传统文化和中国人选择的中国特色社会主义文明，是别有用心的阴谋，他们为了达到不可告人的目的，悍然发动战争、侵略，甚至用杀人灭口等各种卑鄙的方法；他们说一套做一套，搞双重标准，一切以自我利益为重。正像西方人主张的"真理在大炮射程之内"，显然就是强盗逻辑，这是破坏人类文明发展的思想认识根源，必须用一种新文明取而代之，这种新文明就是生态文明。只有也只有生态文明，东西方文明才能化干戈为玉帛，消除隔阂，在人与自然关系的维度上达成统一。

三、建设中国特色社会主义生态文明

(一) 坚持人与自然和谐共生的价值理念

以马克思主义关于人与自然关系的思想为指导,牢记习近平新时代中国特色社会主义思想,特别是"人与自然是生命共同体""绿水青山就是金山银山""山水林田湖草沙冰"等生态文明思想,立足于国内外实际,紧扣我国社会主要矛盾变化,统筹推进政治生态文明、经济生态文明、文化生态文明、社会生态文明建设,形成一个有机的生态文明建设体系,打造中国特色社会主义生态文明建设新模式,"建设生态文明是中华民族永续发展的千年大计。必须树立和践行绿水青山就是金山银山的理念,坚持节约资源和保护环境的基本国策,像对待生命一样对待生态环境,统筹山水林田湖草系统治理,实行最严格的生态环境保护制度,形成绿色发展方式和生活方式,坚定走生产发展、生活富裕、生态良好的文明发展道路,建设美丽中国,为人民创造良好生产生活环境,为全球生态安全作出贡献。"[1]

(二) 坚持党的核心领导

"坚持党对一切工作的领导。……提高党把方向、谋大局、定政策、促改革的能力和定力,确保党始终总揽全局、协调各方。"[2] 在党的发展历程中,从建党到今天,我们党始终坚持独立自主、自力更生的道路,始终团结带领全国各族人民抛头颅洒热血、浴血奋战、不懈努力,推翻三座大山,建立新中国,探索中国特色社会主义道路,不断推动我国政治、经济、文化、科技、国防、综合国力等方面进入世界前列,使我国的国际地位实现前所未有的飞跃,中华民族正以崭新姿态屹立于世界的东方、处于世界的核心位置。总而言之,没有共产党就没有新中国,没有共产党就没有今天的幸福生活,党是领导我国各项事业的核心力量。

在生态文明建设的新时代,党的正确领导是生态文明建设的关键。必须坚持党的领导,做到"两个维护",坚持社会主义核心价值体系,坚持人与自然和谐共生,坚定不移贯彻创新、协调、绿色、开放、共享的新发展

---

[1] 习近平.决胜全面建成小康社会 夺取新时代中国特色社会主义伟大胜利——在中国共产党第十九次全代表大会上的报告[M].北京:人民出版社,2017:23-24.
[2] 同①20.

理念,在统筹"五位一体"总体布局和协调推进"四个全面"发展战略中,实现中华民族的伟大复兴。

(三) 坚持以人民为中心

"不忘初心,方得始终。中国共产党人的初心和使命,就是为中国人民谋幸福,为中华民族谋复兴。"① 党的十九大明确告诉我们,一定不要忘记初心和使命,那就是全心全意为人民服务。只有这样,党才能和人民同呼吸、共命运、心连心,也才能建立党和人民的血肉关系。

在生态文明建设中,不要忘记人民群众是历史的创造者,以人民当家作主、保障和改善民生为主线,坚持为了人民群众、依靠人民群众的观点,把人民对美好生活的向往作为生态文明建设的目标,并且紧紧依靠人民群众来建设生态文明。生态文明不仅是中国人的事情,也是全人类的事情。人类只有一个地球,只有建立人类命运共同体,不同的民族、国家、地区的人民团结起来,共同努力,消除世界霸权,建立公平、和谐的人类关系,人类幸福美好的生活才能实现。

(四) 坚持中国特色社会主义制度

坚持马克思主义人与自然关系的思想为指导,坚持和完善中国特色社会主义制度,建设中国特色社会主义生态文明法治体系;用习近平生态文明思想取代工业文明思想,构建系统完备、科学规范、运行有效的生态文明制度体系,充分发挥中国特色社会主义制度优越性;在生态文明建设过程中,在处理人与自然关系时,坚持法治、德治和自治相结合,提高全民族的生态文明素养。

总之,生态文明作为人类走向未来的一种新文明,不仅需要全体中国人民的努力,而且更需要全人类的共同努力,这种新文明才能早日实现。人类只有一个地球,自然资源有限,只有地球上的每一个人像对待自己的眼睛一样对待自然,人与自然才能和谐相处,人类的明天才会更美好。

社会主义社会作为由资本主义社会向共产主义社会过渡的阶段,必然

---

① 习近平. 决胜全面建成小康社会 夺取新时代中国特色社会主义伟大胜利——在中国共产党第十九次全国代表大会上的报告 [M]. 北京:人民出版社,2017:1.

存在着资本主义旧社会的痕迹以及未来共产主义社会的萌芽,社会主义生态文明则是社会主义发展的较高阶段,是走向共产主义的必经之路。中国特色的社会主义生态文明建设就是建设生态社会主义,这是实现共产主义的必要准备。

第九讲 人与自然关系和谐论

通过学习人与自然关系和谐论，认识到共产主义实现的前提基础是自然的解放、社会的解放和人的解放（简称"三大解放"）。只有完成"三大解放"的任务，人与自然的关系才能健康、和谐，人的自由才能实现，共产主义才是可能的。从而明确生态文明建设的目标，自觉承担起完成"三大解放"的任务。

共产主义作为马克思主义科学的理论目标，包含了人类理想的社会形态、社会制度和现实社会运动的内容。在共产主义社会，伴随生产力的高度发展，物质财富的极大丰富，消费资料按需分配，人类精神境界的极大提高，人类摆脱了私有制的压迫，阶级、国家消亡，社会关系高度和谐，每一个人从自然、社会和自我的压迫下解放出来，实现个人自由而全面的发展，人类从必然王国飞跃到自由王国，人与自然的关系实现真正的和谐，从而坚定马克思主义的信仰。"共产主义社会，将是物质财富极大丰富，人民精神境界极大提高，每个人自由而全面发展的社会"[①]。

一、自然的解放

（一）解放的含义

解放是指"解开、放松、释放、消释、融化、解除束缚"等多种内涵，表达的是人或者其他生命从某种压迫下解除压迫、束缚、获得自由的状态。人类诞生以来，就是不断摆脱自然、社会以及自我的压迫过程，就是一次次获得解放的过程；而社会形成以后，也是不断摆脱人、自然压迫的过程，

---

① 江泽民.2006.江泽民文集：第3卷[M].北京：人民出版社：293.

是社会趋于健康、和谐的解放过程；工业革命以来，自然的霸主地位被人类颠覆，备受人、社会的掠夺与压迫，导致生态危机，为了自然的健康与和谐，必须把自然从人类、社会的压迫下解放出来，实现自然的解放。人的解放、社会的解放、自然的解放是人类获得自由、实现共产主义的必要条件。而人、社会、自然的解放是社会主义生态文明建设的目标，通过生态文明建设构建人类社会新形态，形成人类命运共同体，为实现共产主义创造条件。

（二）自然解放的内涵

自然的解放就是让自然成为自然，摆脱人、社会的过度影响、干预，这种超越人类压迫、掠夺、破坏状态的行为就是解放自然。纯粹的自然是没有人类痕迹的自然，即第一自然；被人类改造过的自然，即第二自然，也就是马克思所说的人化自然。人化自然是一个历史的发展过程，伴随生产力的发展，人化自然或者自然的人化程度越加明显，特别是在现代化过程中，资本和科学技术作为社会发展的动力，对于推动社会发展与进步具有重要的意义。但是，资本和科学技术作为人类创造的对象，成为一种自律的客观存在，不仅压迫人，而且把自然作为一种财富资源来控制和掠夺，导致自然不自然，备受人类、社会的压迫，从而导致人与自然关系的危机。自然的解放不是自然本身能够解决的，只有根本改变人、社会的认知与行为，自然的解放才是可能的。

（三）自然解放的可能性

随着科学技术的进步，社会生产力必然会达到高度发展的阶段，这是一个无法让人想象的状况，马克思无法想象今天我们的通信工具手机会普及、轿车等高档消费品会进入普通家庭，同样，我们也无法想象未来共产主义社会生产力高度发展的状况以及人们的消费情况，"产品极大丰富"意味着什么？由于生产力的高度发达，人类从自然中获得的产品越来越丰富，足以满足人类的需要，这是按需分配的前提条件。但这里存在着一个人口的数量问题，人口的多少直接影响到产品总量是否足以按需分配，需要历史的澄明。1848年2月《共产党宣言》公开发表，标志着马克思主义理论的诞生，而这时的世界人口不过15亿，1930年20亿，1960年30亿，2011年70亿，2022年80亿，预计2050年98亿，到2100年可能会达到110亿。

从个别国家看，中国的人口变化：1835年4.17亿，1901年4.26亿，1931年4.74亿，1949年5.41亿，2022年14.47亿；英国的人口变化：1801年830万，1850年1 500万，1901年增加到3 050万，2006年超过6 000万，2022年6 841万；美国的人口：1800年530万，1920年1.06亿，2010年3.07亿，2022年达3.34亿。[①] 科学家测算地球最多能够养活100亿到150亿居民。如果世界人口按照这样的数量增长，特别是随着社会的发展与进步，人的需求越来越高，消耗的自然资源越来越多，如果不及时有效控制人口增长，则会引起政治、经济、社会、生态环境等问题，人与自然关系面临严重挑战，人类可持续发展很难实现。过去50年间，伴随世界人口的增长、科学技术的进步，人类征服自然的能力增强，在资本利益的驱动下，人类对地球生态系统造成了巨大破坏。地球上60%的土壤、草地、森林、河流和湖泊遭到不同程度的污染，地球上的动物和植物多样性减少，1/3的物种濒临灭绝，资源匮乏等生态问题凸显。在沉重的人口压力面前，经济发展、社会进步与生态环境保护等方面的工作受到巨大挑战。2020年世界粮食计划署（WFP）发布的《全球粮食危机报告》中指出"全世界每天有8.21亿人在挨饿，其中1.35亿人正走向饥饿的边缘；而疫情的到来，则又将额外的1.3亿人推向饥饿的深渊。"如果是这样，我们必须从实际出发来思考马克思提出的共产主义理想，马克思的共产主义是全球15亿人的理想与未来，那么，今天80亿人是15亿人的5倍多，这么大的人口基数发展下去，如果100年后，地球人口达到110亿时实现马克思提出的共产主义社会，在有限的地球资源约束条件下，按照人口数量与自然资源的实际比例来思考，如何可能按需分配？这是一个悬而未决的问题。这个问题正是那些怀疑、否定马克思主义的理论根据。实际上，这是物质主义的分析，曲解了马克思主义关于共产主义的设想，需要正本清源。

我们不能按照物质主义的逻辑思考共产主义按需分配的问题，必须超出当前人口数量与自然资源的状况来认识。经济全球化态势下，贫困、挨饿、人与自然的危机等许许多多的问题不是自然资源缺乏的问题，而是分配不均、不公平的问题。人类创造的物质财富远远能够满足人类生活的需

---

① 世界人口的历史变迁［EB/OL］. https：//baijiahao.baidu.com/s？id=1701922393532490056.

要。非常遗憾,为了满足极少数人的需要,把大量的自然资源、物质财富用于制造武器弹药来发动战争,破坏自然环境,人为制造贫困落后,使世界动荡不安,导致贫富悬殊,富国、富人越来越富,穷国、穷人越来越穷,加剧了挨饿、疾病、人与自然的危机等世界问题。要解决这些问题,必须把自然从个人狭隘的私利以及社会的压迫中解救出来,把自然作为必要的公共产品,满足全人类的需要,实现自然的解放。《共产党宣言》给人类指明了方向,"共产党人可以把自己的理论概括为一句话:消灭私有制。"[1] 只有消灭私有制,建立公有制,才能消灭贫富不均现象,才能实现按需分配。只有劳动不是作为谋生的手段,而是成为人们生活的第一需要,才能超越资本主义的资本逻辑、克服社会主义"按劳分配"原则的不足,实现按需分配,"只有在那个时候,才能完全超出资产阶级权利的狭隘眼界,社会才能在自己的旗帜上写上:各尽所能,按需分配!"[2] 最终实现人类在分配上的真正平等,饥饿、贫困现象才能根本消除。只有将自然作为自然,作为人的生命组成,而不是作为人类的财富和占有对象时,才能实现自然的解放。自然的解放意味着社会的解放和人的解放。

二、社会的解放

自然的异化是人、社会异化的折射,是资本主义社会现实的真实写照。不过,在共产主义社会,在物质财富极大丰富的基础上,社会关系高度和谐。可见,实现社会关系高度和谐的共产主义的条件是社会也从人、自然的压迫下解放出来。

(一) 社会解放的含义

社会的解放是指社会从人、自然的约束中超脱出来,摆脱了人、自然限制、压迫,成为一种和谐、健康状态的社会。这是阶级、国家逐步消亡的过程,摆脱了资本主义世界霸权的骚扰、贫富悬殊的困境,人压迫人、欺辱人的现象不复存在,城乡之间、脑力劳动与体力劳动、工人阶级与农

---

[1] 马克思,恩格斯. 共产党宣言 [M] //马克思,恩格斯. 马克思恩格斯选集:第1卷. 北京:人民出版社,2012:414.
[2] 马克思. 德国工人党纲领批注 [M] //马克思,恩格斯. 马克思恩格斯选集:第3卷. 北京:人民出版社,2012:365.

民阶级差别逐步消失,是人与人、人与自然的关系高度和谐的状态。社会解放的基础和条件必须是生产力的高度发达,这是社会解放的根本;在此基础上,构建和谐、健康的社会制度,这是社会解放的保障;而人的思想觉悟是社会健康的精神要素,没有高度思想觉悟的人,就不会实现社会的解放,这是社会解放的关键。

(二) 社会解放的可能性

通过社会主义革命和建设,人类逐步摆脱了私有制的压迫,阶级、国家消亡,战争作为暴力解决社会矛盾的手段不复存在,工农差别、城乡差别、脑力劳动与体力劳动的差别逐步消失,这个过程就是社会的解放过程。人类的生产不是为利润和个人的私欲而盲目生产、无度开发自然,而是按照自然规律、根据人的实际需要来生产,这样的生产节约了大量的自然资源,人们不再为生存、安全担忧,而是按照自然的必然规律来进行生产满足人类自身的需要。社会的政治、经济、文化组织都将从"暴力机器"的社会属性中消失,"在这里不再有任何阶级差别,不再有任何对个人生活资料的忧虑,并且第一次能够谈到真正的人的自由,谈到那种同已被认识的自然规律和谐一致的生活。"[①] 这是社会真正获得解放。当然,这样的社会状态不是预设的、逻辑的,而是一个历史发展过程,是走向共产主义的社会发展阶段,"自由就在于根据对自然界必然性的认识来支配我们自己和外部自然;因此,它必然是历史发展的产物。"[②] 马克思、恩格斯分析了自然的解放、社会的解放后,进一步指明了人的解放。

三、人的解放

在共产主义社会,每个人自由而全面发展,人类从必然王国向自由王国飞跃。不过,要实现共产主义社会人的自由目标,必须首先克服异化,实现社会的解放、自然的解放以及人的解放。只有每个人从自我、自然、社会的压迫下解放出来,也才能实现人的自由而全面发展。

---

① 恩格斯.反杜林论[M]//马克思,恩格斯.马克思恩格斯选集:第3卷.北京:人民出版社,2012:492.
② 同①.

（一）人的解放的含义

人的解放是指人摆脱了自我、自然、社会的压迫而达到的无拘无束的状态。人的解放只是人的自由的开启，但还没有达到共产主义的自由；在没有解放的条件下，人是不自由的。每一个人的存在都是有限的，不论是认识，还是行为都存在较大的局限性，正是这些有限性、局限性导致每一个人都可能自寻烦恼，或者"身在福中不知福"，总是给自己过不去，自己压迫自己、折磨自己；人是自然中的人，人的产生与发展都离不开自然，自然是人存在的基础，同时，自然作为人的异己的存在力量，自然而然的自然又反过来压迫人，人面对自然无可奈何，例如各种自然灾害、疾病、饥饿等现象；人不仅是自然中人，人更是社会中人，每一个人来到世界上，都是某一社会中的一分子，都要受到社会政治、经济、文化等方方面面因素的影响和制约，特别是在阶级社会，使人备受社会的压迫而"不得开心颜"。因此，人要摆脱自我、自然、社会的压迫，寻找解放的道路，这是人类自产生以来永恒的主题。人的解放过程实际上就是人类历史创造的过程，是人类改造世界、创造一个适宜人类生存的世界的过程。"唯当整理好人与人之间的关系，即正确处理与人这一活着的最强大存在的关系时，人才能开始与不是活着的最强大的存在，即与无机自然力量实行一种真正具体的和解。"[①] 早期国外马克思主义者布洛赫深刻认识到人与自然的和解前提就是人与人的和解，或者说，人与自然的矛盾不过是人与人的矛盾的反映。可见，人的解放对于自然的解放具有重要意义。

（二）人的解放的可能性

共产主义的本体论代名词就是克服异化、实现每个人自由而全面发展的联合体社会，这是马克思主义的最终价值目标。"代替那存在着阶级和阶级对立的资产阶级旧社会的，将是这样一个联合体，在那里，每个人的自由发展是一切人的自由发展的条件。"[②] 马克思、恩格斯给无产阶级专政后的社会提出了剥夺地产、征收高额累进税、废除继承权、免费教育、消灭城乡对立等十点建议，以此消灭国家、阶级等社会压迫以及自然对人的压

---

① 布洛赫. 希望的原理（第2卷）[M]. 上海：上海译文出版社，2020：268.
② 马克思，恩格斯. 共产党宣言[M]//马克思，恩格斯. 马克思恩格斯选集：第1卷. 北京：人民出版社，2012：422.

迫而使人获得自由和全面发展创造条件,没有自然、社会解放的基础和条件,共产主义的实现就是问题。在共产主义社会,人摆脱了自然经济条件下"人的依赖关系",不再匍匐于自然、受自然的蹂躏,从自然的压迫中解放出来,也摆脱了商品经济条件下"对物的依赖关系",不在"看不见的线"拴着的状态下备受资本家的剥削、奴役和商品的压迫,从社会的压迫中解放出来,在这个基础上,每一个人也才能从自我的压迫下解放出来,真正实现人与人、人与社会、人与自然关系的和谐,这是人的自由个性发展的前提条件。"那么它在消灭这种生产关系的同时,也消灭了阶级对立的条件,消灭了阶级本身的存在条件,从而消灭了它自己这个阶级的统治。"① 无产阶级作为革命阶级,通过暴力消灭了旧的私有制生产关系的同时,也消灭了一切阶级存在的条件,这个"消灭"的过程就是解放的过程,也是为每一个人的自由和全面发展创造社会、自然条件的过程。

在共产主义社会之前,人们备受自然、社会等生活条件的支配和控制,自然规律、社会规律作为异己的力量统治着人类,当人、自然、社会解放时,人类熟练地掌控这些异己的力量,听从人类的支配,创造属于自己的世界和历史,从这时起,"由人们使之起作用的社会原因才大部分并且越来越多地达到他们所预期的结果。这是人类从必然王国进入自由王国的飞跃。"② 可见,马克思的自由王国是人的真正解放后发展的结果,只有在共产主义社会才是可能的。

在共产主义社会,劳动不再是谋生的手段,成为"生活的第一需要",劳动成为乐于去做的、自我实现的活动。在共产主义社会,"已经积累起来的劳动只是扩大、丰富和提高工人的生活的一种手段。"③ 限制人的能力、活动范围的旧式分工被废除,人摆脱了"奴隶般地服从分工"的劳动状态,在多样化的生产劳动和自由时间里,从事自己感兴趣的事情,促进自己各方面能力的全面发展。由于人与自然关系方式的改变,人的能力得到全面

---

① 马克思,恩格斯. 共产党宣言 [M] //马克思,恩格斯. 马克思恩格斯选集:第1卷. 北京:人民出版社,2012:422.
② 恩格斯. 社会主义从空想到科学的发展 [M] //马克思,恩格斯. 马克思恩格斯选集:第3卷. 北京:人民出版社,2012:815.
③ 同①415.

发展。也就是说，劳动不仅作为人类生存的方式和财富的源泉，而且，成为生活的第一需要，是一种真正的自由自觉的对象性活动。

总之，通过一代代人来解放自然、社会和人，最终实现共产主义，人类从必然王国飞跃到自由王国。当社会生产力高度发展、物质财富极大丰富，阶级、国家消亡，没有了剥削和压迫，劳动产品按需分配、人们的精神境界达到极高程度的时候，人与自然、人与人、人与社会的关系高度和谐，人、自然、社会获得解放。这种解放了的状态意味、包含着人类从必然王国开始飞跃到自由王国，并自觉地创造自己的历史。

结 束 语

不论是马克思主义理论,还是其他西方文明,或者东方文明的其他理论,从本质上、价值上,都是为了人类认识、利用自然、社会的必然规律而获得自由、解放与幸福的理论。不过,东西方文明的本质与发展的方向不同。西方文明是通过个人来获得人的解放,本质上是利己主义的文明;通过征服、掠夺他者来满足自己的欲望、实现自己的目标,自认为是世界上最好的文明,从某种意义上说,西方文明没有"此在、他在和定在",更没有现在与未来。马克思发现西方文明的症结,创造了马克思主义理论,提出通过无产阶级的革命来解放全人类,实现每个人的解放。在人类文明的大道上,马克思主义大大超越了西方文明的狭隘性,彻底颠覆了西方文明的解放逻辑。从这里可以看出,西方文明视野下的人的自由、解放都是"倒立"人的头脑中的形式逻辑,或抽象的东西,马克思把这个"倒立"的人(西方文明)颠倒过来,在资本主义制度条件下,个人不能解放自己,只有通过人类的解放,才能解放自己。马克思为人类指明了走向未来的科学发展方向。马克思主义产生于西方,为什么没有在西方世界开花结果,反而在东方世界"鲜花烂漫""硕果累累"呢?因为马克思主义与东方文明,特别是中国传统优秀文化一脉相通,都不是为少数人的文明,而是依靠多数人、为了全人类的文明。这个"多数人"在马克思主义那里是无产阶级,在中国共产党人的眼里就是以中国工农为主体的人民群众,这是两者能够高度融合的文化基础。

西方文明从古希腊开始,高举民主、自由的个人主义大旗,在"不自由,毋宁死"的信念鼓舞下,特别是在公元前后,在基督教信仰文明的加盟下,从奴隶社会、封建社会和资本主义社会走来,用"天人相分"的思维方式,从自我利益出发,通过个人的努力与奋斗,通过科学技术的发现、发明与创造,利用资本的趋利本性,把自然、社会看成是可以征服改造的对象,从而实现自我利益的最大化,主观上本想创造一个造福于个人的世界,但事与愿违,却创造了一个压迫人的自律的世界,每一个人备受外在的资本、商品、科学技术及其规律的支配与压迫,人与自然、社会相对立。这就是西方现代化过程中显现的现代性问题。马克思主义发现了这一异化现象,或者现代性问题,这种个人主义、资本、科学技术主导的现代西方文明是不可持续的,这是西方现代性问题的症结所在,指明了克服现代性、异化的根本出路在于实现人类主义、超越个人主义、消灭私有制、建立公有制,实现共产主义社会,只有这样,人与人、人与社会、人与自然才能和谐,人才能从根本上获得自由与解放。

如果说1万年前伏羲氏创八卦开启了东方文明,当然,这也是人类文明、人类历史的开启。正像黑格尔所认为的那样,世界历史从东方开始到西方成熟、发达,"因为欧洲绝对地是历史的终点,亚洲是起点。……历史是有一个决定的'东方',就是亚细亚。"① 黑格尔也认识到了东方文明的"直接意识",这一"历史的幼年时期"的特点。实际上,这正是东方文明的特色"天人合一",遗憾的是黑格尔没有理解。《周易》作为东方文明的渊源,张扬了"天人合一的宇宙观""阴阳变化的自然观""生生不息的生命观",这种文明将个人淹没在"无我"的自然、社会中。在历史的变迁中,儒释道闪亮登场,构筑了东方文明的核心内容,支撑着东方的人们安居乐业,享受大自然以及家庭伦理之美。在这样的思维方式影响下,天地人共在,正像中国当代社会学家费孝通先生描述的那样,中国人具有天地情怀,"各美其美,美人之美,美美与共,天下大同",人与自然、人与人、人与社会和谐共处。东方文明以儒释道为代表的亚细亚文明,从本质上看是一种天地人共在的文明,这种文明不是教化人去认识世界、改造世界,更不是通过发动战争去征服、掠夺世界来实现自我利益最大化,或者自由与解放,而是教化人怎么做人,怎么去协调天地人的关系,实现人与人、人与社会、人与自然的和谐,从而达到获得幸福感的目的,特别是中国儒

---

① 黑格尔. 历史哲学 [M]. 北京:生活·读书·新知三联书店,1956:148.

家文化，通过"三纲五常"的教化，让人成为具有仁义礼智信的君子，"老吾老以及人之老，幼吾幼以及人之幼"，非常形象地表明这里的每一个人都崇尚以牺牲"小我"而成就"大我"，不追求"自我"。历代封建统治阶级采取的"重农抑商"策略可以看作是这种文明的表现。只有农耕文明才能搞好农业，而商业文明之道只能毁灭农业，这也是资本主义在中国难以发展的文化因素。实际上，东方文明没有"我"的存在，每一个人都生活在熟人的世界，通过宗法血缘关系确保个人生活的安稳，谁追求"自我"，就被看成是笑话。在东方文明的视野下，西方文明所主张的认知和行为都是"小人""不正经的人"所为，为中国人所不容。在发展方向上，东方文明没有像西方文明主张的直线式科学方向，只是循环往复、周而复始的"圆圈"。几千年来中国老百姓生活在"日出而耕、日落而息"的农耕文明时代，他们看不到科学的"明天""未来"，仅仅生活在"天地共在"的"今天"当下状态，这种天人合一的思维方式是近代科学没有发展的重要原因，这是历史的遗憾，也是幸事，天人合一的思维方式保护了生态环境，人与自然的关系安然无恙。

近代以来，中华民族遭受列强侵略，东西方文明在中华大地展开激烈交锋，西方文明在形式上用强力颠覆了东方文明，中国成为列强的殖民地半殖民地，中华民族备受列强的蹂躏，但东方文明没有断裂，中国人骨子里的传统文化精神没有改变，"虽然洋装穿在身，但心依旧是中国心"，我们的血脉里依然流淌着中华文明的热血。十月革命一声炮响，给我们送来了马克思主义，给中华民族带来了光明与希望。在新时代，生态文明作为国家发展战略标志着东方文明这个充满浪漫色彩的、令人敬畏的文明的转型，这是一个超越农业文明、工业文明在中国特色社会主义文化基础上创建的人类文明新形态。

总之，中国特色社会主义生态文明从本质上看就是人与自然和谐的中国特色社会主义文明，这一本质规定决定了这一文明新形态与共产主义的高度统一，统一的核心内容是人与自然关系的和谐，当然统一的基础就是东方文明和西方文明。或者说，在中华大地上，优秀的中国传统文化这一肥沃的土壤，积极吸收外来文化，"它山之石可攻玉"，经过中国共产党百年的探索，领导中国人民浴血奋战，孕育出了生态文明的硕果。如果说马克思主义理论通过无产阶级革命和专政来实现每一个人自由与解放,那么,中国特色社会主义生态文明则是在中国共产党领导下,通过政府以及所有人的自觉来建设这一美好的和谐社会,实现美丽中国的绿水青山;同时,通过全球生态治理,依靠各个国家以及每一个人,实现人类文明新形态。"各国人民同心协力,构建人类命运共同体,建设持久和平、普遍安全、共同繁荣、开放包容、清洁美丽的世界。"[1] 人类文明新形态是中国人民在以习近平同志为核心的中国共产党领导下创造的人类社会发展新阶段,是走向共产主义的新的社会形态,丰富发展了历史唯物主义和科学社会主义理论。

---

[1] 习近平. 决胜全面建成小康社会 夺取新时代中国特色社会主义伟大胜利——在中国共产党第十九次全国代表大会上的报告 [M]. 北京:人民出版社,2017:58-59.

参考文献

阿尔弗雷德·诺思·怀特海，2003. 过程与实在 [M]. 杨富斌，译. 北京：中国城市出版社.

包庆德，2020. 论马克思的生态生产力思想及其当代价值 [J]. 哈尔滨工业大学学报（社会科学版）（03）：129-136.

包庆德，杨铮，2016. 天人合一：生态维度解读及其存在问题述评 [J]. 伦理学研究（01）：80-85.

本·阿格尔，1991. 西方马克思主义概论 [M]. 慎之，等，译. 北京：中国人民大学出版社.

曹孟勤，2022. 对劳动的第一哲学思考——兼论生态文明建设的哲学思考 [J]. 学术研究（06）：1-8.

曹孟勤，2010. 自然即人 人即自然——人与自然在何种意义上是一个整体 [J]. 伦理学研究（01）：63-68.

曹顺仙，张劲松，2022. 近30年马克思恩格斯生态哲学思想的研究现状及其趋势 [J]. 北京林业大学学报（社会科学版）（04）：16-24.

曹顺仙，2015. 马克思恩格斯生态哲学思想的"三维化"诠释——以马克思恩格斯生态环境问题理论为例 [J]. 中国特色社会主义研究（06）：80-86.

陈红英，2020. 马克思主义基本原理概论实践教学指导教程 [M]. 南京：南京大学出版社.

陈文珍，2014. 马克思人与自然关系理论的多维审视 [M]. 北京：人民出版社.

陈学明，2008. 建设生态文明是中国特色社会主义题中应有之义 [J].

思想理论教育导刊（06）：71-78.

陈学明，2022. 用马克思主义指导抗疫[J]. 毛泽东邓小平理论研究（03）：10-14，108.

陈学明，2010. 马克思"新陈代谢"理论的生态意蕴——J. B. 福斯特对马克思生态世界观的阐述[J]. 中国社会科学（02）：45-53.

陈学明，2012. 资本逻辑与生态危机[J]. 中国社会科学（11）：4-23.

戴维·麦克莱伦，2008. 马克思传[M]. 王珍，译. 北京：中国人民大学出版社.

戴维·施韦卡特，2008. 反对资本主义[M]. 李智，陈志刚，等，译. 北京：中国人民大学出版社.

刁亚红，孙道进，2022. 康德自然目的论的两个"要求"新解[J]. 自然辩证法研究（09）：101-107.

范曾，2009. 趋近自然[M]. 北京：中国人民大学出版社.

方锡良，2013. 论生态社会主义的社会、文化批判之维[J]. 理论视野（08）：24-27.

斐迪南·穆勒，2005. 欧洲执政绿党[M]. 郇庆治，译. 济南：山东大学出版社.

郭佳新，安维复，1997. 从征服到和谐——人与自然关系的历史诉说[M]. 济南：济南出版社.

国风，2006. 中国农业的历史源流[M]. 北京：经济科学出版社.

哈贝马斯，2013. 重建历史唯物主义[M]. 郭官义，译. 北京：社会科学文献出版社.

黑格尔，1956. 历史哲学[M]. 北京：生活·读书·新知三联书店出版社.

胡锦涛，2012. 坚定不移沿着中国特色社会主义道路前进 为全面建成小康社会而奋斗——在中国共产党第十八次全国代表大会上的报告[N]. 人民日报，11-18（01）.

华启和，2020. 中国提升生态文明建设国际话语权的基本理路[J]. 学术探索（10）：1-9.

郇庆治，2019. 绿色变革视角下的当代生态文化理论研究[M]. 北京：北京大学出版社.

郇庆治, 2021. 马克思主义生态学论丛 [M]. 北京：中国环境出版集团.

郇庆治, 2022. 大国担当的镜与鉴 [M]. 北京：中国林业出版社.

郇庆治, 2022. 社会主义生态文明：理论与实践 [M]. 北京：中国林业出版社.

郇庆治, 2022. 论习近平生态文明思想的世界意义与贡献 [J]. 国外社会科学（02）：4-15, 195.

郇庆治, 2022. 开辟马克思主义人与自然关系理论新境界 [J]. 理论导报（07）：15-16.

霍尔姆斯·罗尔斯顿, 2000. 环境伦理学 [M]. 杨通进, 译. 许广明, 校. 北京：中国社会科学出版社.

贾卫列, 2013. 生态文明建设概论 [M]. 北京：中央编译出版社.

姜春云, 2010. 走绿色有机农业之路 [J]. 求是（10）：51-54.

蒋丹, 陆启义, 2016. 马克思主义基本原理概论实践教学实训教程 [M]. 合肥：合肥工业大学出版社.

捷尔吉·卢卡奇, 2008. 卢卡奇文选 [M]. 李鹏程, 编. 北京：人民出版社.

康德, 2001. 康德三大批判精粹 [M]. 杨祖陶, 邓晓芒, 编译. 北京：人民出版社.

康德, 2008. 康德的道德哲学 [M]. 牟宗三, 译. 西安：西北大学出版社.

李全喜, 2020. 习近平生态文明思想融入"马克思主义基本原理概论"课的必要性探析 [J]. 思想政治课研究（06）：85-90.

李全喜, 2021. 习近平生态文明思想融入"马克思主义基本原理概论"课路径探析 [J]. 北京教育（德育）（02）：70-76.

李永, 2013. 马克思主义基本原理概论实践教学用书 [M]. 南京：河海大学出版社.

李泽厚, 2008. 人类学历史本体论 [M]. 天津：天津社会科学院出版社.

林官明, 2010. 环境伦理学概论 [M]. 北京：北京大学出版社.

林美卿, 苏百义, 2016. 生态文明建设的人性思考 [J]. 山东社会科学（04）：114-118.

刘湘溶, 2013. 中国的生态文明建设：现实基础与时代目标 [J]. 马克思主义与现实（04）：176-180.

刘湘溶，2014. 关于生态文明体制改革的若干思考［J］. 湖南师范大学社会科学学报（02）：5-7.

刘湘溶，2015. 生态文明建设：文化自觉与协同推进［J］. 哲学研究（03）：122-126.

刘湘溶，2015. 生态文明视域下的环境教育［J］. 湖南师范大学教育科学学报（05）：5-10.

刘湘溶，罗常军，2015. 经济发展方式生态化［M］. 长沙：湖南师范大学出版社.

刘湘溶，罗常军，2015. 生态文明主流价值观与生态化人格［N］. 光明日报，07-15（14）.

卢风，2013. 生态文明建设的哲学依据［N］. 光明日报，01-29（11）.

卢风，2015. 探索中国特色的环境哲学［N］. 光明日报，02-16（16）.

卢风，2016. 论生态伦理、生态哲学与生态文明［J］. 桂海论丛（01）：24-37.

卢风，王远哲，2022. 生态文明与生态哲学［M］. 北京：中国社会科学出版社.

马克思，2004. 资本论：1-3卷［M］. 中央编译局，编译. 北京：人民出版社.

马克思，2018. 1844年经济学哲学手稿［M］. 中央编译局，编译. 北京：人民出版社.

马克思，恩格斯，2012. 马克思恩格斯选集：1-4卷［M］. 中央编译局，编译. 北京：人民出版社.

梅格纳德·德赛，2008. 反对资本主义［M］. 汪澄清，译. 郑一明，校. 北京：中国人民大学出版社.

默里·布克金，2012. 自由生态学：等级制的出现与消解［M］. 郇庆治，译. 济南：山东大学出版社.

乔恩·埃尔斯特，2008. 理解马克思［M］. 曲跃厚，校. 北京：中国人民大学出版社.

任继周，方锡良，侯扶江，2018. 论农业界面的伦理学涵义［J］. 自然辩证法通讯（06）：1-9.

世界环境与发展委员会，1989. 我们共同的未来［M］. 北京：世界知识出版社.

苏百义，2006. 关于哲学的思考［J］. 山东农业大学学报（社会科学版）（04）：12-15.

苏百义，2017. 农业生态文明建设的理论与实践研究报告［R］. 济南：山东省社会科学规划办公室.

苏百义，2018. 农业生态文明论［M］. 北京：中国农业科学技术出版社.

苏百义，2020. 微时代条件下马克思主义理论硕士研究生绿色教育创新研究［R］. 济南：山东省教育厅研究生导师指导能力提升项目.

苏百义，林美卿，2017. 马克思的新陈代谢断裂理论——人与自然关系的反思［J］. 教学与研究（06）：27-34.

苏百义，周奇志，2007. 马克思主义理论教育的特点及其核心问题思考［J］. 前沿（10）：09-15.

苏百义，周新辉，2015. 生态文明建设的三维思考［J］. 长白学刊（04）：33-37.

孙道进，2008. 马克思主义环境哲学的本体论维度［J］. 哲学研究（01）：28-32.

孙彦泉，1996. 中国农学哲理的现代选择［J］. 科学技术与辩证法（03）：5-9.

孙彦泉，1999. 生态文明的科学技术观［J］. 科学技术与辩证法（03）：7-10.

孙彦泉，2000. 生态平衡的哲学观［J］. 山东社会科学（02）：64-67.

孙彦泉，2000. 生态文明的哲学基础［J］. 齐鲁学刊（01）：113-118.

孙彦泉，2003. 论生态经济农业发展观［J］. 科学技术与辩证法（02）：74-76.

孙彦泉，2005. 人与自然和谐的科学观［J］. 齐鲁学刊（04）：144-147.

田丰，李旭明，2011. 环境史：从人与自然的关系叙述历史［M］. 北京：商务印书馆.

王雨辰，王瑾，2022. 习近平生态文明思想与中国式现代化新道路的生态意蕴［J］. 马克思主义与现实（05）：1-9，203.

乌尔里希·布兰德，马尔库斯·威森，2019. 资本主义自然的限度：帝国式生活方式的理论阐释及其超越［M］. 郇庆治，译. 北京：中国环境出版社.

习近平，2017. 决胜全面建成小康社会 夺取新时代中国特色社会主义伟大胜利——在中国共产党第十九次全国代表大会上的报告［M］. 北京：人民出版社.

习近平，2022. 高举中国特色社会主义伟大旗帜，为全面建设社会主义现代化国家而团结奋斗——在中国共产党第二十次全国代表大会上的讲话［N］. 人民日报，10-17（01）.

习近平，2020. 习近平谈治国理政（第三卷）［M］. 北京：外文出版社.

解保军，2006. 马克思恩格斯对资本主义的生态批判及其意义［J］. 马克思主义研究（08）：62-67.

解保军，2011. 社会主义与生态学的联姻如何可能？詹姆斯·奥康纳的生态社会主义理论探析［J］. 马克思主义与现实（05）：189-193.

解保军，2014. 生态学马克思主义名著导读［M］. 哈尔滨：哈尔滨工业大学出版社.

解保军，2019. 马克思生态思想研究［M］. 北京：中央编译出版社.

解保军，2021. 马克思恩格斯关于资本主义生态批判理论研究［M］. 北京：中国环境出版社.

解保军，2022. 自然解放：从"两个和解"到"还自然以和谐、宁静、美丽"——马克思主义"自然解放"理论探微［J］. 云梦学刊（04）：73-82.

解保军，2015. 生态资本主义批判［M］. 北京：中国环境出版社.

徐艳梅，2007. 生态学马克思主义研究［M］. 北京：社会科学文献出版社.

叶平，1991. 人与自然：西方生态伦理学研究概述［J］. 自然辩证法研究（11）：4-13.

叶平，2004. 生态哲学视野下的荒野［J］. 哲学研究（10）：64-69.

叶平,2006.生态哲学的内在逻辑:自然(界)权利的本质[J].哲学研究(01):92-98.

衣俊卿,丁立群,2012.20世纪新马克思主义[M].北京:中央编译出版社.

余谋昌,2004.实践性是环境伦理学的精华[N].光明日报,06-22(10).

余谋昌,2009.从生态伦理到生态文明[J].马克思主义与现实(02):112-118.

余谋昌,2013.生态文明:建设中国特色社会主义的道路——对十八大大力推进生态文明建设的战略思考[J].桂海论丛(01):20-28.

余谋昌,2014.把生态文明融入文化建设各方面和全过程[J].桂海论丛(02):4-15.

余谋昌,2014.环境伦理与生态文明[J].南京林业大学学报(人文社会科学版)(01):1-23.

俞吾金,陈学明,2002.国外马克思主义哲学流派新编(上、下册)[M].上海:复旦大学出版社.

张剑,2010.生态文明与社会主义[M].北京:中央民族大学出版社.

张一兵,2022.历史唯物主义:从物质生产过程向劳动过程的视位转换[J].中国社会科学(08):46-67,205.

张一兵,2022.资本是一种社会生产关系——《雇佣劳动与资本》研究[J].东岳论丛(08):86-94,192.

中共中央宣传部,2016.习近平总书记系列重要讲话读本[M].北京:学习出版社、人民出版社.

周东林,2008.人化自然辩证法[M].北京:人民出版社.

周向军,武文豪,2022.论科学的中国特色社会主义观[J].马克思主义理论学科研究(07):82-92.

周向军,温东,2022.人类命运共同体的公共性问题辨析[J].东南学术(06):22-32.

E·费道洛夫,1986.人与自然——生态危机和社会进步[M].王炎庠,赵瑞金,等,译.北京:中国环境科学出版社.